青少年
Python
趣味编程

叶永兴　陈娟怀 / 编著

U0191590

人民邮电出版社

北　京

图书在版编目（CIP）数据

青少年Python趣味编程 / 叶永兴，陈娟怀编著. --
北京 : 人民邮电出版社，2022.2
ISBN 978-7-115-56781-9

Ⅰ. ①青… Ⅱ. ①叶… ②陈… Ⅲ. ①软件工具－程
序设计－青少年读物 Ⅳ. ①TP311.561-49

中国版本图书馆CIP数据核字 (2021) 第206342号

内 容 提 要

本书从 Python 的基础语法讲起，然后逐步深入讲解 Python 的实战应用，重点介绍如何使用 Python 解决实际遇到的问题，让读者不仅可以系统地学习 Python 的相关理论知识，还能对 Python 程序开发有更深入的理解。

本书分为 17 章，主要内容有编程语言的概念，Python 的基础语法，常见函数的使用，自定义函数，面向对象编程，模块的概念，random、time、datetime 等常见模块的使用，文件读写，pygame 游戏编程，程序事件的概念，GUI 编程，程序绘图，数据分析，人工智能等。

本书图文并茂，内容通俗易懂，所含案例丰富，程序步骤清晰，非常适合 Python 的初学者阅读，也适合相关的机构、学校作为教材使用。

◆ 编　著　叶永兴　陈娟怀
　 责任编辑　张天怡
　 责任印制　陈　犇
◆ 人民邮电出版社出版发行　　北京市丰台区成寿寺路 11 号
　 邮编　100164　电子邮件　315@ptpress.com.cn
　 网址　https://www.ptpress.com.cn
　 大厂回族自治县聚鑫印刷有限责任公司印刷
◆ 开本：700×1000　1/16
　 印张：16.5　　　　　　　　2022 年 2 月第 1 版
　 字数：277 千字　　　　　　2022 年 2 月河北第 1 次印刷

定价：59.90 元

读者服务热线：(010)81055410　印装质量热线：(010)81055316
反盗版热线：(010)81055315
广告经营许可证：京东市监广登字 20170147 号

本书是一本基于实例讲解的青少年编程读物，以通俗的例子为切入点，将 Python 中的复杂知识点化繁为简，旨在让读者从本质上了解 Python 的使用方法，提高自身思维能力，深化对计算机相关知识的了解。

本书结构

本书共有 17 章。第 1 章介绍编程语言的概念及种类，带领读者进入 Python 编程的大门；第 2 ～ 8 章讲解 Python 中的基础语法，包括数字、字符串、列表、字典等基本数据类型以及顺序、分支判断、循环 3 种基本数据结构；第 9 ～ 10 章讲解 Python 中的函数和面向对象方法的简单使用；第 11 ～ 16 章讲解一些常用的 Python 第三方模块的使用，包括如何安装并使用第三方模块，读写常见类型的文件，编写计算机游戏程序，GUI 编程的概念，绘制计算机图形等知识；第 17 章讲解 Python 在人工智能方面的应用以及健康上网的概念。本书采用案例驱动法，在每一章讲解知识的同时介绍一个具体的程序案例，指导读者使用所学知识完成具体的案例，在实践中强化读者对知识的理解和运用，真正做到融会贯通，学有所用。

本书特色

- 通俗易懂，轻松入门

本书每一章涉及的编程知识按照由浅入深、由易到难的逻辑进行讲解，对所涉及的计算机专业知识采用生活化的简单例子进行类比，能够让读者实现快速入门，加深读者对一些专业的计算机知识的理解。

- 问题导向，目标明确

书中每一章都会就所学知识提出一个读者接触过的问题，然后让读者带着问题去学习新知识，使学习目标更加明确，学习效率更高。

- 综合案例，活学活用

在每一章讲解完新知识之后，带领读者解决一个综合性问题。在这个过程中，读者可以学会如何分析问题，如何在具体的案例中综合使用所学的知识，从而加深对知识的理解，做到活学活用。

- 内容丰富，有条有理

本书基本囊括了 Python 的所有基础知识点，更是在每一章都安排了实际综合性案例的分析、解决步骤，条理十分清晰。在介绍步骤的同时，本书还使用了大量的图片加以说明，对重点知识做了着重标示，而且对书中所使用的英文单词进行了详细的介绍。

- 获取学习资源

读者可以通过 QQ（1743995008）获取图书配套代码。

本书读者对象

本书内容通俗易懂，非常适合 15 岁及以上的零基础读者学习使用。此外，本书也可以作为少儿编程机构培训 Python 的图书。

由于编者能力有限，在编写的过程中难免有不足之处，恳请广大读者批评指正。

编者

2021 年 10 月

目　录

CONTENTS

## 第 1 章

它们已经来了

奶奶："该学习了，你怎么还在玩电脑啊？"

小星："我在学啊，你看我不是在电脑上学习嘛。"

奶奶："别玩手机了，我不是叫你帮我出去买点水果吗，你怎么还在玩游戏啊？"

小星："已经买好了，待会就有人送过来了。"

话音刚落，门外就传来送货员的敲门声。

奶奶："我手机没有话费了，我要去营业厅交话费，你在家好好学习啊。"

小星："奶奶，不用出门，我们可以直接在手机上交话费。"

小星在奶奶怀疑的眼神中交完了话费，不一会儿就收到了交费成功的短信……

小星："奶奶，告诉你哦，现在电脑和手机上有很多功能强大的软件。这些软件通过网络能帮助我们足不出户完成很多事情，极大地方便了我们的生活、学习呢。"

奶奶："原来是软件这个东西在帮忙，但是说了这么多，到底什么是软件呢？"

…………

1.1 是谁在帮忙

软件是一种网络中存在的无形的东西，看得到却摸不到，例如微信、QQ、支付宝、网络游戏等都是软件。这些软件在网络中运行，没有具体的形状，也不会像桌子、椅子这样的物件会随着使用时间的增长而有所损耗。只不过随着时间的推移，人们会对其进行更新，增加一些功能，或者是将出现的漏洞"堵上"。

想一想，议一议

既然软件是看得到、摸不到的东西，那它是怎么被人们创造出来的呢？

其实，软件的本质是大量计算机指令的集合，也就是说软件中包含了大量的计算机指令，这些指令对应的是用户的不同操作。当用户使用软件中的某个功能时，软件内部的指令就会"命令"计算机或手机做出相应的反应。这些指令在软件发布之前，就已经被软件开发工程师写入了软件中。那如何将这些指令写入软件中呢？指令是计算机能够读懂的东西，但对人来说，却是比较晦涩难懂的。为了让人能够为计算机编写指令，需要有程序作为中间的翻译。我们的想法先被转化为程序，然后程序再被转化为计算机能够识别的指令，从而实现人与计算机之间的沟通交流，如图 1-1 所示。

想法　　　指令

程序

图 1-1　程序功能图

1.2 编程语言也是一种语言

程序既然能够帮助我们实现与计算机之间的交流，那如何编写程序呢？编写程序类似于写作文，一篇作文是由很多的文字构成的，同时还有格式、语法要求；程序则是由编程语言构成的，也有格式、语法方面的要求。编程语言和人类语言类似。首先，它也是一门语言，只不过它的交流对象是计算机；其次，编程语言也有很多种类，如图 1-2 所示。

人类语言	编程语言
汉语	Python
英语	Java
法语	C++
韩语	C
日语	PHP
俄语	JavaScript
……	……

图 1-2 人类语言和编程语言的种类

相信很多读者都有这样的感受：学习英语要比学习汉语难得多。也就是说不同的语言，学习的难度是不一样的。这里选择 Python 作为要讲解的编程语言，是因为 Python 相比其他的语言更加易于理解和使用。下面来观察一下用目前几种流行的编程语言实现同一个功能的区别。

```
1.Java
public class HelloWorld {
    public static void main(String[] args) {
    System.out.println("Hello World");
    }
}
2.C++
#include <iostream>
using namespace std;
int main()
{
    cout << "Hello World" << endl;
    return 0;
}
3.Python
print("Hello World")
```

观察与思考

上面的 3 个程序都是实现同一个功能——命令计算机在屏幕上输出一句"Hello World"，哪一个看上去比较简单？

可以看到 Java 和 C++ 需要 5 ~ 7 行代码，而 Python 只需要简单的一行代码，并且用 Python 编写的程序没有那么多符号。通过对比可以得出，实现同一个功能，使用 Python 编写程序更加简单、花费的时间更短、出现的错误更少。本书后面会用大量的实例验证 Python 的简单易学性。

1.3 让计算机开口打个招呼吧

1. 安装

"工欲善其事，必先利其器。"要使用 Python 编写程序，首先需要在计算机上安装一个编写程序的工具。编写 Python 程序的工具有很多，这里我们使用 Python 官方推荐的集成开发环境（Integrated Development and Learning Environment，IDLE）。这个工具需要我们自己从网上下载下来，下载的步骤如下。

（1）打开浏览器，输入 Python 官方网址，下载所需安装包，如图 1-3 所示。

图 1-3　下载页面

（2）找到下载好的安装包，双击开始安装，如图 1-4 所示。

（3）弹出图 1-5 所示的窗口，根据图中标记的步骤进行安装。

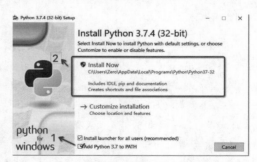

图 1-4　安装包图标　　　　图 1-5　安装过程

（4）安装完成之后，打开 IDLE 可验证是否安装成功，如图 1-6 所示。

图 1-6　打开 IDLE

（5）安装成功效果如图 1-7 所示。

至此，Python 编程工具 IDLE 就安装好了。下面就来使用这个工具编写我们的第一个程序吧。

2. 编写第一个程序

（1）在打开的 IDLE 窗口中的 >>> 后输入命令（也叫代码）：

```
print("Hello")
```

（2）运行程序。

输入完成之后，按 Enter 键（表示运行编写好的程序），得到的结果如图 1-8 所示。

图 1-7　IDLE 初始窗口

图 1-8　第一个程序

图 1-8 中的 print("Hello") 就是编写的程序代码，程序运行之后，出现的蓝色 Hello 是计算机执行代码之后的结果。程序运行结束之后，会在结果后面重新出现 >>>，表明程

序运行结束。

在 IDLE 中编写的程序代码以及程序运行之后的结果，怎么会有那么多不同的颜色呢？

IDLE 中的颜色可不只是为了漂亮。IDLE 使用这些颜色标记不同功能的程序代码，方便我们区分代码中不同的部分；也可以帮助我们降低在编写代码的过程中出现错误的可能性，因为程序大部分是由英文构成的，读者在初次接触的时候很容易写错。在 IDLE 中只要写错了代码，对应部分的颜色就会发生变化，如图 1-9 所示。

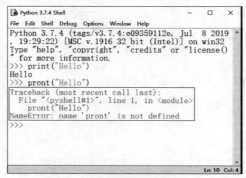

图 1-9　错误示例

在上面这个例子中，笔者重新编写了一个程序，按 Enter 键之后，运行结果是一堆红色的信息。这里的红色信息是运行错误的提示信息，阅读提示信息，可以发现笔者将"print"写成了"pront"，这就导致程序不认识而出错。只需要将"pront"重新改为"print"，程序就可以正常运行了。

如果读者运行程序之后，也出现了类似的红色信息，这时候就要好好检查一下自己哪里写错了。在本书后面的章节中，我们将详细讲解如何判断错误以及根据错误信息改正程序的错误部分。

1.4　IDLE 的正确打开方式

在运行程序的时候，如果代码写错了，能直接在原基础上修改吗？

答案是否定的。如果已经运行程序了，就不能修改已经写好的程序，而是需要重新编写，这是十分麻烦的。其实刚刚我们编写程序的地方叫作交互窗口，它的优点是可以在按 Enter 键之后马上得到运行结果，缺点是不能修改已经运行过的程序。而且当你单击窗口右上角的关闭按钮关闭窗口之后再重新打开，你会发现之前编写的程序都没有了，也就是说在这个窗口编写的程序没有办法保存。

为了能够保存和修改编写好的程序，我们使用 IDLE 的另外一种方式来编写程序。下面就来看看这种新方式的使用步骤。

（1）在打开的 IDLE 窗口中，单击菜单栏中的 File → New File 选项，如图 1-10 所示。

（2）此时弹出一个新的窗口，这个窗口才是真正编写程序的地方，以后都在这个窗口编写程序，如图 1-11 所示。

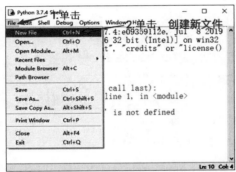

图 1-10　创建新文件

图 1-11　编写程序窗口

（3）运行编写好的程序，注意这里不再是按 Enter 键，而是采用图 1-12 所示的操作，即单击菜单栏中的 Run → Run Module 选项。

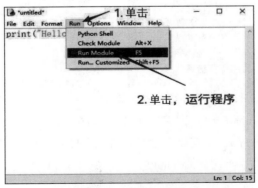

图 1-12　运行程序操作

可以看到 Run Module 选项后面有个 F5，这是一个快捷方式。也就是说，可以在编写完程序之后，按 F5 键直接运行程序。

（4）因为编写好程序后尚未保存，所以在运行前会弹出对话框提示保存，单击确定按钮后，会弹出对编写的程序文件进行保存操作的对话框。在弹出的对话框中选择文件的保存位置，为了方便查找自己编写的文件，可以选择将文件保存在桌面上。然后设置文件名称，最后单击保存按钮，步骤如图 1-13 所示。

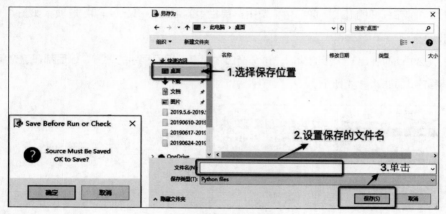

图 1-13　保存对话框

在保存的同时，程序也开始运行了，运行结果如图 1-14 所示。

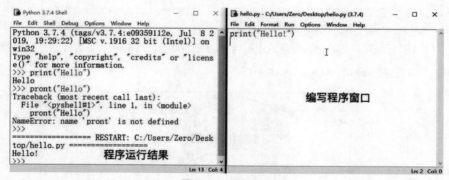

图 1-14　运行窗口

到这里，我们就完成了编写程序文件 → 保存文件 → 运行程序的整个操作流程。如果读者想查看编写好的程序文件，可以在文件保存的位置找到文件，右击鼠标，在弹出的快捷菜单中单击图 1-15 所示的 Edit with IDLE → Edit with IDLE 3.7(32-bit) 选项打开文件。

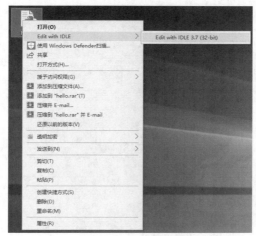

图 1-15　打开文件

知识加油箱

交互窗口：优点是能够快速地测试简短的程序并得到结果，缺点是不能保存和修改已经编写好的程序。

1.5 动手试一试，更上一层楼

1. 完成 Python 编程工具 IDLE 的安装。

2. 新建一个 Python 程序文件并保存在计算机桌面上。

第 **2** 章

孪生兄弟——输入和输出

我们都知道，一台计算机由显示器、主机、键盘、鼠标等构成。这些部件按照功能的不同，可以划分为输入设备和输出设备。例如，我们可以使用鼠标单击某个软件，敲击键盘输入文本，鼠标和键盘都有向计算机输入信息的作用，所以它们可以被划分为输入设备；显示器是显示内容的设备，它属于输出设备；而主机作为连接输入设备和输出设备的中间设备，对输入的信息进行处理、控制输出信息的显示样式，它里面包含计算机的很多核心零部件。

在 Python 中，对应的也有具有输入和输出功能的函数。在第 1 章中，我们讲解了如何使用 Python 的编程工具，创建并编写了第一个 Python 程序，虽然只有短短的一行，但是这一行中包含了一个非常重要的指令。先来看下面这个程序：

```
print("Hello")
```

观察程序运行之后的结果，可以发现引号内的内容就是要在计算机屏幕上输出的内容。但是这行代码中除了 "Hello"，还有 print()，那它又具有什么功能呢？下面就来详细讲解它到底是什么，具有什么功能。

2.1 无规则不成方圆

第 1 章有一个错误示例，在编写程序时，不小心将"print"写成了"pront"，运行程序之后，出现了一堆红色错误信息。也就是说，程序并不能随心所欲地写，它需要遵循一些规则。就好比写作文一样，不能写错别字，有些词语不能乱用。使用 Python 编程时，也需要遵守它的规则。

想一想，议一议

如果在 IDLE 中输入 Hello，运行程序之后，会是什么结果呢？

我们可以来试一下。打开 IDLE，单击 File → New File 选项，在窗口中输入 Hello，按 F5 键运行程序。将文件命名为 Hello，并保存到计算机桌面上，运行结果如图 2-1 所示。

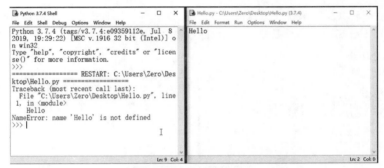

图 2-1 程序运行结果 1

从图 2-1 的程序运行结果中可以看出，程序运行出错了，错误信息是 Hello 没有定义，计算机不认识。我们再给 Hello 加上双引号，然后再次按 F5 键运行程序，结果如图 2-2 所示。

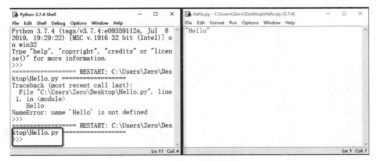

图 2-2 程序运行结果 2

从图 2-2 可以看到运行之后没有再出现错误信息，对应的 "Hello" 的颜色也变成了绿色，也就是说加了双引号之后，计算机认识 "Hello" 了。计算机虽然认识了 "Hello"，但是在程序运行窗口中还是没有输出任何信息，对比之前编写的正确语句，不难看出只是少了一个 print()，现在读者就知道这个 print() 具有什么功能了吧。

print() 是一个输出函数，可以将括号中的内容输出到程序运行窗口。函数是什么呢？它是具有特定功能的代码块，具有简单方便、可重复使用的优点。在本书后面的章节中会对函数的定义、使用方式进行详细的讲解。

知识加油箱

print：意思为"输出、打印"，在程序中用于输出信息。使用 print() 函数输出内容时，括号中的内容要使用引号引起来，可以使用双引号，也可以使用单引号。

2.2 是中文还是英文

学霸小星在知道 print() 函数可以输出内容之后，编写了一个程序，运行程序得到的结果如图 2-3 所示。

图 2-3　学霸小星编写的程序

细心的读者可能已经发现，程序编写窗口中的括号被加上了红色阴影，也就是说这个地方出现了错误。原因是小星将括号写成了中文输入法下的括号，导致计算机不认识而出错。其次，前面说过用双引号引起来的内容会变成绿色，而在图 2-3 小星编写的程序中，引号中的内容并没有变成绿色，这是因为小星将引号也写成了中文输入法下的引号，计算机也不认识。

在编写程序时，使用的符号（单引号、双引号、括号、感叹号⋯⋯）都必须是英文输入法下的符号，可以按 Shift 键切换中英文输入法。

2.3 神奇的 end

前面我们已经讲解了 print() 函数，并使用它让计算机跟我们打了个招呼——输出 Hello。其实，我们可以通过改变 print() 函数显示内容的排列方式，改变计算机的"说话"方式。

想一想，议一议

如何编写程序，让计算机在屏幕上输出《静夜思》，输出的形式和图 2-4 所示的右边一样？

静夜思

床前明月光，

疑是地上霜。

举头望明月，

低头思故乡。

静夜思

床前明月光，疑是地上霜。

举头望明月，低头思故乡。

图 2-4 带格式的诗句

要用程序实现图 2-4 左边的效果，只需要使用如下 5 个 print() 函数即可：

```
print(" 静夜思 ")
print(" 床前明月光，")
print(" 疑是地上霜。")
print(" 举头望明月，")
print(" 低头思故乡。")
```

那如何实现图 2-4 右边的这种效果呢？

其实，在使用 print() 函数输出内容时，还可以通过设置一个参数 end 来控制输出内容的表现形式。我们只需要在上面代码的基础上添加这个参数，即可将输出形式变为和图 2-4 右边一样。修改后的代码如下：

```
print("  静夜思  ")
print(" 床前明月光，", end = "")
print(" 疑是地上霜。", end = "\n")
print(" 举头望明月，", end = "")
print(" 低头思故乡。")
```

对比两个程序输出的结果，可以看出 Python 默认每一个 print() 函数的内容独占一行，上面我们用了一个参数 end 来连接不同的 print() 函数要显示的内容。例如，end="" 就是将两个输出内容直接连接；\n 是换行的符号，使用 end="\n" 连接的两个输出内容之间会有一个换行显示效果。

知识加油箱

end：意思为"结尾、末端"，在程序中可以设置 print() 函数输出内容的连接形式。

前面我们说到函数中会有参数。参数是填入函数括号中的内容，不同的参数可以使得同一个函数实现不同的功能。函数中的参数有一种叫默认参数，默认参数是指函数中默认有一个参数。如果你不指定默认参数的值，函数会使用默认的参数值；如果你自己指定了该默认参数的值，函数就会使用你指定的参数值。例如，之前用 print() 函数输出内容，它里面默认有一个换行的参数 \n，这就导致输出内容时会自动换行显示，而你自己指定 end=""，就改变了内容的默认显示形式。

2.4 偷懒的三引号

在 Python 程序中会用到很多的符号，不同的符号对应不同的功能，例如双引号或单引号可以将要输出的内容引起来，函数名后面的括号中可以填入函数所需要的参数及其对应值。符号的正确使用确保了程序的正常运行。

想一想，议一议

根据之前的测试，使用 print() 函数输出内容时，要先将输出的内容用单引号或是双引号引起来。那同样是引号，如果使用三引号程序能够正常运行吗？

我们可以来试一下。打开 IDLE，使用 print() 函数输出一些文字，代码如下：

```
print("" 我喜欢 Python 编程 "")
```

运行之后，可以发现程序正常输出了"我喜欢 Python 编程"这句话。也就是说，三引号的作用和单引号、双引号一样，可以用来将要输出的内容引起来。

但是我们这一节的标题是"偷懒的三引号"，如果只是这样使用，其实它并不比单引号、双引号简单，那这个"偷懒"体现在哪儿呢？

上一节，我们讲解了可以在 print() 函数中更改 end 参数的值来控制内容的显示形式，输出《静夜思》这首诗需要 5 个 print() 函数，但是如果使用三引号，只需要一个 print() 函数即可，代码如下：

```
print('''
    静夜思
  床前明月光,
  疑似地上霜。
  举头望明月,
  低头思故乡。
''')
```

程序运行结果如图 2-5 所示。

图 2-5 三引号的使用

运行结果和前面使用 5 个 print() 函数的结果是一样的。相比之下，使用三引号大大简化了程序，也不需要改变 end 参数来控制是否换行显示。三引号的作用为保留括号里三引号中内容的初始样式。使用单引号或是双引号只能显示一行内容，如果输入的是多行内容，程序会报错。

2.5 程序实例：魔镜，我帅吗

在聊 QQ 或是微信的时候，只有在你输入信息、单击发送按钮之后，你的信息才能通过网络发送到对方手机上并输出显示出来。这就包含了输入信息的功能和输出显示信息的功能。前面我们已经讲解了输出显示可以使用 print() 函数，而输入信息则需要通过一个新的函数——input() 函数来实现。

在 Python 中使用 input() 函数来获取用户输入的内容。下面我们就来编写一个简单的程序，这个程序分为两个部分：一是输入问题，二是输出答案。实现流程如图 2-6 所示。

图 2-6　流程图

实现代码如下：

```
answer = input(" 魔镜，我帅吗？ \n")
print(answer)
```

按 F5 键运行程序，结果如图 2-7 所示。

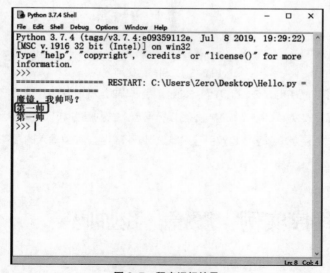

图 2-7　程序运行结果

下面就图 2-7 中的运行结果来分析一下。首先将要显示的问题放入 input() 函数的括号中，这一点 input() 函数和 print() 函数的功能是一样的，都可以在屏幕上显示内容。不同的是，input() 函数在显示完括号中的内容之后，用户可以在后面输入内容，就像图 2-7 所示，我们输入"第一帅"。然后给用户输入的内容取个名字叫 answer，最后使用 print() 函数输出用户给出的答案。

这里要注意了，使用 input() 函数输出内容时，虽然和 print() 函数一样，会先将括号中填写的内容输出，但是使用 input() 函数后，括号中必须输入内容，否则程序不会停止，会一直等待用户的输入，这一点和 print() 函数要区分开。

知识加油箱

input：意思为"输入、投入"，在程序中用于接收用户输入的信息。

2.6 动手试一试，更上一层楼

1. 下面关于 print() 函数和 input() 函数的区别正确的说法有（ ）。

A. print() 是输出函数，input() 函数是输入函数

B. input() 函数也可以和 print() 函数一样输出内容

C. input() 函数的括号中可以什么都不写

D. 使用 input() 函数之后，如果不输入内容，程序就不会结束

【答案】A、B、C、D。

2. 下面这个程序的运行结果是什么？

```
print("'hello,
how are you?)
```

【答案】报错，少了一个三引号。

3. 下面这个程序的运行结果是什么？

```
print("Python", end="")
print(" 编程 ", end=",")
print(" 真有意思 !")
```

【答案】Python 编程，真有意思！。

4. 预测下面这个程序的运行结果是什么。

```
user = input(" 输入内容：")
print(user)
```

如果用户输入的是 8+6，程序的输出结果是什么？

【答案】8+6。

第 **3** 章

一大波数字正在靠近

老师："小星，你知道计算机最早发明出来是为了解决什么问题吗？"

小星："不知道，但既然叫计算机，我猜应该是为了计算而发明的。"

老师："没错，计算机最早是科学家为了计算导弹的复杂飞行路线的数据而发明的。"

小星："哦，原来如此。那如何用计算机来实现数据运算呢？"

老师："当然是使用程序。我们可以使用程序定制一个属于自己的计算器，而且这个计算器的计算功能要比手机上的计算器强大得多。"

小星："要强大得多？"

老师："是的，下面就来看看如何使用程序进行计算吧。"

3.1 简单的加、减、乘、除

加、减、乘、除作为数学中最基础的四则运算，被广泛用于我们的日常生活中，下面就来用程序计算一个简单数学式子 (6×9 – 10+4)÷6 的结果。新建一个程序，取名为 test，编写的代码如下：

```
print((6*9-10+4)/6)
```

运行程序，得到的计算结果为 8.0，如图 3-1 所示。

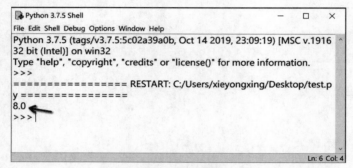

图 3-1　四则运算

在前面，我们知道了 print() 函数可以将括号中的内容显示在屏幕上，对比可以发现，在程序中的 * 对应的是数学中的乘号，/ 对应的是数学中的除号，加号、减号和数学中的一样；运算的优先级和数学中一样，先乘、除，后加、减，有括号的先计算括号中的。

前面我们讲过，在使用 print() 函数输出一句话的时候，需要先用引号将要输出的内容引起来，不然程序会报错。而在这里做计算的时候并没有使用引号将式子引起来，直接就输出计算结果。如果使用引号将要计算的式子引起来，程序运行之后会是什么结果呢？

下面，我们就来试一下，用引号将计算的式子引起来，然后再运行程序，结果如图 3-2 所示。

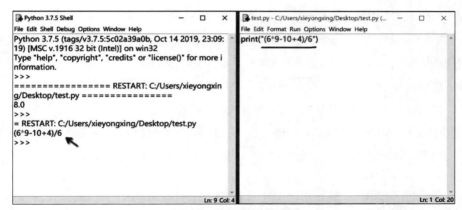

图 3-2 加引号的计算式子

对比两次的运行结果，可以发现加上了引号之后，系统只是将式子输出来了，而没有做运算。这是因为加了引号之后，计算机将式子当成了字符串（类似于文字），直接输了出来。

知识加油箱

在 Python 中有很多的数据类型，如数字、字符串、列表、字典等。其中字符串一定要用引号引起来，数字可以通过加上引号转化为字符串，字符串的相关知识后面章节将详细讲解。

3.2 百般变化的盒子——变量

使用 print() 函数可以直接输出算式的结果，但是这些要计算的数字是在计算之前就已经确定好了的。那如果在计算之前不知道要计算哪些数字，像计算器一样，不知道用户要做什么运算，也不知道参与运算的数字是哪些，那该怎么办呢？先来回想一下用计算器做两个数字的简单加法运算的过程。

首先输入第一个数字，然后按加号按钮，再输入第二个数字，按等号按钮，计算器输出计算结果。仔细分析一下，在这个过程中，共有 5 个步骤：

（1）输入第一个数字；

（2）按加号按钮进行加法运算；

（3）输入第二个数字；

（4）按等号按钮计算得出结果；

（5）将结果输出。

在此期间，我们向计算机中输入了两个数字、一个加号，一个等号。在得出计算结果之前，输入的数字要先存放在计算器中，然后再进行加法运算。

结合上面分析的操作步骤，编写一个计算器的程序。之前我们讲过使用 input() 函数可以获取用户输入的内容，但是这里用户输入了两个数字，那如何将用户输入的数字存储在计算机中呢？

计算机用一个类似于快递柜的东西来存放这些数字。这个"快递柜"中有很多一格一格的小盒子，将需要存储的数字放入这些盒子中即可。为了方便查找这些盒子，还需要给每一个盒子取个不一样的名字，之后程序就可以通过这些名字去操作对应的数字。代码如下：

```
a = input(" 输入第一个数字：")
b = input(" 输入第二个数字：")
print(a+b)
```

上面代码的意思是，从计算机的"快递柜"中申请一个名字为 a、一个名字为 b 的两个盒子，分别存储用户输入的两个数字。这里的 = 可不代表等号，它叫作赋值号，它的作用是将右边的用户输入的值赋给左边，从而实现将用户输入的数字放入对应的盒子中的操作。这样一来，就可以直接用 a、b 来代替用户输入的数字。

然后，要进行加法运算时，只需要使用 print() 函数做计算并将结果输出即可，结果如图 3-3 所示。

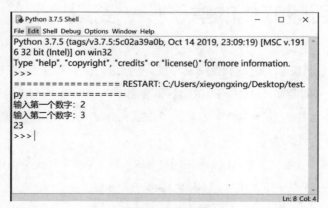

图 3-3 加法运算

是不是很奇怪，2+3 不是应该等于 5 吗，怎么得到的结果是 23？这是因为使用 input() 函数获取的用户输入的数据不是真正意义上的数字，它和前面输出的 Hello 一样，都属于字符串类型。正是因为是字符串类型，这里的 + 不再是数学上的加号，而是用于拼接字符串的拼接符。如果这里要实现两个数字相加，需要用到一个类型转换的帮手——int() 函数，将字符串类型转换为数字类型。它的具体用法为将要转换为数字的字符串放入括号中，

所以只需要在上面的程序中添加 int() 函数转换数据类型。具体代码如下:

```
a = input(" 输入第一个数字: ")
b = input(" 输入第二个数字: ")
print(int(a)+int(b))
```

程序运行结果如图 3-4 所示。

```
Python 3.7.5 Shell                                        —    □    ×
File Edit Shell Debug Options Window Help
Python 3.7.5 (tags/v3.7.5:5c02a39a0b, Oct 14 2019, 23:09:19) [MSC v.19
16 32 bit (Intel)] on win32
Type "help", "copyright", "credits" or "license()" for more information.
>>>
================ RESTART: C:/Users/xieyongxing/Desktop/test
.py ================
输入第一个数字: 2
输入第二个数字: 3
23
>>>
======== RESTART: C:/Users/xieyongxing/Desktop/test.py ======
==
输入第一个数字: 2
输入第二个数字: 3
5
>>> |
                                                          Ln: 13 Col: 4
```

图 3-4 类型转换

这里要注意了,在进行相加之前,用户输入的两个数字 a、b 都要使用 int() 函数转换为数字类型,然后再进行相加得到和。如果只用 int() 函数转化了其中一个就相加,程序会报错。这是因为不同的数据类型相加会导致程序报错,后面章节将详细讲解。

知识加油箱

int:是单词 integer 的缩写,integer 是"整数"的意思,在程序中可以将用户输入的字符串类型的数字转换为数字类型的数字,从而进行数学上的运算。

观察与思考

上面的例子中,我们将用户输入的数字分别放在了名字为 a、b 的盒子里,并实现了两个数字相加的功能。那如果在计算之前再加上如下两行代码:

```
a = input(" 输入第一个数字: ")
b = input(" 输入第二个数字: ")
a = 5
b = 6
print(int(a)+int(b))
```

让我们来分析一下整个程序的运行过程:

首先盒子a、b中放入了用户输入的数字；

然后又将数字5、6放入盒子a、b中；

最后计算盒子a、b中数字相加的和。

程序运行的结果会是什么呢？程序运行结果如图3-5所示。

```
== RESTART: C:/Users/Zero/AppData/Local/Programs/
Python/Python37-32/test.py ==
输入第一个数字：2
输入第二个数字：3
11
>>>
```
Ln: 13 Col: 4

图3-5　变量覆盖

从图中可以看出运行结果为11，也就是数字5、6的和，那为什么会这样呢？

这是因为向盒子中放入内容时，盒子中已有内容会直接被新的内容取代。盒子名字代表的是最新放入的内容，所以说盒子里的内容是可以变化的。不仅盒子里面的内容可以变化，盒子的名字也可以变化（基本上可以取任何你想要的名字），这个盒子代表的就是程序中的变量。

知识加油箱

变量可以存储程序中的各种各样的数据。它的使用方法为变量名＝值。其中变量名可以任意取值（除了不能以数字开头，并且不能与已经存在的函数名同名之外），变量中最新的数据会覆盖已有的旧数据。

3.3　乘法的变形

现在有这么一道数学题：一个密码箱的密码由6位数字组成，每一位可能的取值为1~9，请问如果要打开这个密码箱，最糟糕的情况下，要尝试多少次？

根据题目的意思，如果密码箱的密码只有一位，那最糟糕的情况下要尝试9次；

如果是两位密码，最糟糕的情况下要尝试9×9=81次；

如果是3位密码，最糟糕的情况下则要尝试9×9×9=729次；

…… ……

如果是6位密码，最糟糕的情况下则要尝试9×9×9×9×9×9次。

这个结果计算起来比较麻烦，可以使用程序来帮我们计算，代码如下：

```
print(9*9*9*9*9*9)
```

虽然程序很方便地就帮我们计算出答案 531441，但是请考虑一下，输入的过程是不是有点烦琐，这里还好只是 6 个 9 相乘，如果要计算 10 个、100 个 9 相乘，也采用挨个输入的方法吗？有没有简单的方法呢？

当然有。现在我们都知道 * 在程序中代表乘法运算，** 代表的则是幂运算，也就是多个相同的数相乘。例如，上面 6 个 9 相乘就可以改成下面这种形式：

```
print(9**6)
```

程序运行结果如图 3-6 所示。

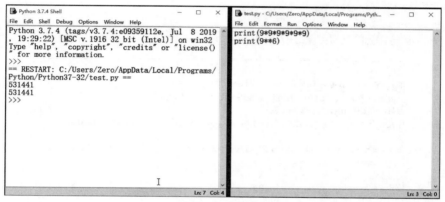

图 3-6 幂运算

从图中可以看出，两种方式的计算结果是一样的，而使用 ** 大大降低了输入过程的烦琐程度，这时候不管计算多少个 9 相乘，只需要修改 ** 后面的数字即可。

知识加油箱

幂运算：数学运算中的一种，表示数的乘方，在程序中用 ** 表示，前面为要乘方的数字，后面是乘方的次数。

3.4 只想要 3 位小数

到现在为止我们只接触到了整数的加、减、乘、除，然而数字除了整数之外，还有小数。小数又分为有限小数和无限小数。在数学上，我们会对无限小数进行小数位数的保留，那利用程序如何实现小数位数的保留呢?

下面就来看一个具体的例子:

```
print(1/3)
```

我们都知道,1/3 得到的结果是 0.333333...,是一个无限小数。这时如果要对获取的结果保留 3 位小数,只需要使用 Python 中的 round() 函数,它的用法如下:

```
round( 要处理的数,需要保留的小数位数 )
```

所以只需要在上面代码的基础上加上 round() 函数,具体代码如下:

```
print(round(1/3, 3))
```

程序运行得到的结果如图 3-7 所示。

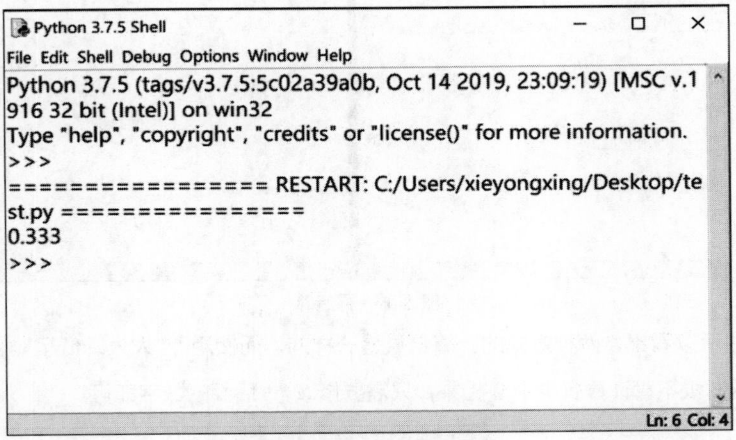

图 3-7   round() 函数的使用

在上面的代码中,可以看到 round() 函数中要填两个数据,第一个是要处理的数字,第二个是要保留的小数位数,中间用英文输入法下的逗号隔开。

下面我们再来测试几个:

```
print(round(2/5, 3))
print(round(6/2, 5))
print(round(1/3, 2))
```

程序运行结果如图 3-8 所示。

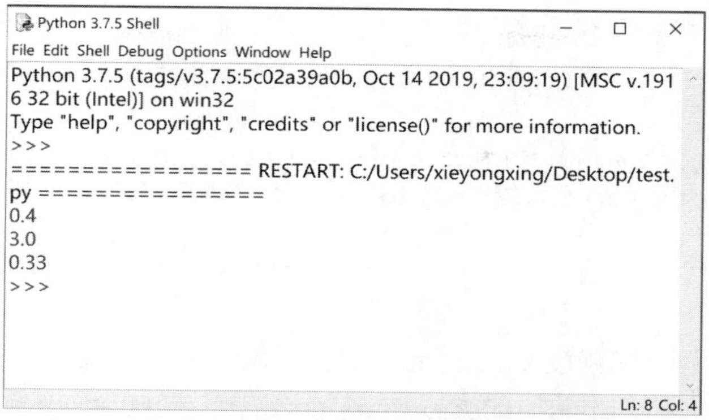

图 3-8 round() 函数的使用

可以看到，上面选的例子的结果都是有限小数。如果得到的小数位数小于要保留的小数位数，程序就将获取到的结果直接输出显示；如果大于要保留的小数位数，就按照四舍五入的方式输出结果。

知识加油箱

round：意思为"圆形的、环绕"，在程序中用于精确小数位数。如果要处理的小数实际位数小于要求的精确位数，就直接显示实际小数，否则显示处理之后的小数。

3.5 找出最大的差值

我们都知道数字有大小之分，那如果给你一大堆数字，如何快速地说出这些数字之间最大的差值是多少呢？按照要求可以分为 3 个步骤：

（1）找出这堆数字中最大的数字和最小的数字；

（2）计算这两个数字的差；

（3）将计算得到的差输出显示。

对应步骤，首先使用 max() 函数和 min() 函数从一堆数字中获取最大值和最小值，具体用法如下：

```
max( 以逗号隔开的多个数字 )
min( 以逗号隔开的多个数字 )
```

例如找出数字 12，34，52，45，1，5，7，123，56，213，66，78，3，4，6，8，90，124，231，45 中的最大值和最小值，以及计算两者的差值，代码如下：

```
a = max(12,34,52,45,1,5,7,123,56,213,66,78,3,4,6,8,90,124,231,45)
b = min(12,34,52,45,1,5,7,123,56,213,66,78,3,4,6,8,90,124,231,45)
print(a)
print(b)
print(a-b)
```

将要处理的数字分别放入 max() 和 min() 函数中，并将获取的最大值、最小值分别赋给变量 a、b，然后使用 print() 函数输出最大值和最小值以及两者的差，程序运行结果如图 3-9 所示。

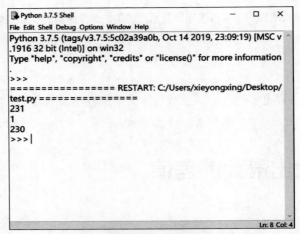

图 3-9 最大值和最小值以及两者的差

知识加油箱

max：意思为"最大的、最多的"，在程序中用于从一堆数字中获取最大值，函数执行之后返回的是数字。

min：意思为"最小值、最少的"，在程序中用于从一堆数字中获取最小值，函数执行之后返回的是数字。

3.6 一个都不能少

对于除法运算中不能整除的情况，一般有两种处理方式，第一种就是上一节介绍的对获取到的结果保留指定的小数位数，还有一种方式是获取商和余数。那如何使用程序获取商和余数呢？

前面我们讲解了 +、−、*、/ 在 Python 程序中分别对应的是加、减、乘、除四则运算的符号。除了这 4 种基础的运算符号，Python 还有专门用于求余数的符号 % 以及获取整数商的符号 //。下面就来举一个例子：获取 10 除以 7 的商和余数。代码如下：

```
a = 10//7
b = 10%7
print(a)
print(b)
```

这里的变量 a 的值是 10 除以 7 的整数部分，变量 b 的值是 10 除以 7 的余数，程序运行结果如图 3-10 所示。

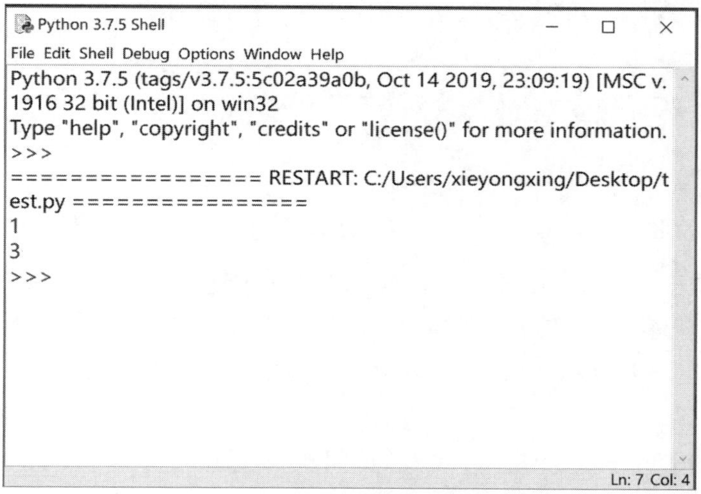

图 3-10　商和余数

使用以上的方法，即可使用程序轻松地获取到整数商和余数了。

式子 3+12/2%3 的计算结果是什么呢？

前面已经提到了程序中运算的优先级是和数学中的运算优先级一样的，即先乘、除，后加、减，有括号的先计算括号中的，那这里所说的求余运算的优先级是怎样的呢？我们不妨将这个式子用程序运行一下，运行结果如图 3-11 所示。

```
Python 3.7.5 Shell                                      —   □   ×
File Edit Shell Debug Options Window Help
Python 3.7.5 (tags/v3.7.5:5c02a39a0b, Oct 14 2019, 23:09:19) [MS
C v.1916 32 bit (Intel)] on win32
Type "help", "copyright", "credits" or "license()" for more informati
on.
>>>
================ RESTART: C:/Users/xieyongxing/Deskto
p/test.py ================
>>>
===== RESTART: C:/Users/xieyongxing/Desktop/test.py =====
3.0
>>>|
```

图 3-11　复合运算

从结果可以看出来，这个式子的运算过程是，先做的是除法运算，然后是求余运算，最后才是加法运算。那如果在上面式子的基础上，在式子的后面再添加一个乘法的相关运算，例如 3+12/2%3*5，式子的计算结果会是怎样的呢？读者自己来试一试吧。

3.7　程序实例：计算平均分

学校最近组织了一场运动会，作为体育委员的小星在比赛中担任分数统计员，分数统计规则：先要去除一个最低分和一个最高分，然后对剩下的分数求和取平均分作为运动员最后得分。这天运动员小辉结束了体操比赛，12 个评委给的分数都交到了小星的手上，分数如下：100，99，98，96，97，98，97，96，95，92，99，98。请你帮他计算出小辉的得分。

我们先来分析一下，首先去除分数中的最高分和最低分，然后对所有的数字进行求和，最后求平均分，对应的程序流程图如图 3-12 所示。

程序实现可以分为 4 个步骤：

（1）获取分数中的最高分和最低分；

（2）用总分数减去最高分和最低分；

（3）用剩下的分数除以（评委总人数 – 2）获得平均分；

（4）输出平均分（保留 3 位小数）。

对应的程序如下：

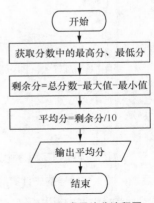

图 3-12　求平均分流程图

```
ma = max(100,99,98,96,97,98,97,96,95,92,99,98)
mi = min(100,99,98,96,97,98,97,96,95,92,99,98)
s = 100+99+98+96+97+98+97+96+95+92+99+98
avg = round((s -mi - ma)/10,3)
print(avg)
```

程序运行结果如图 3-13 所示。

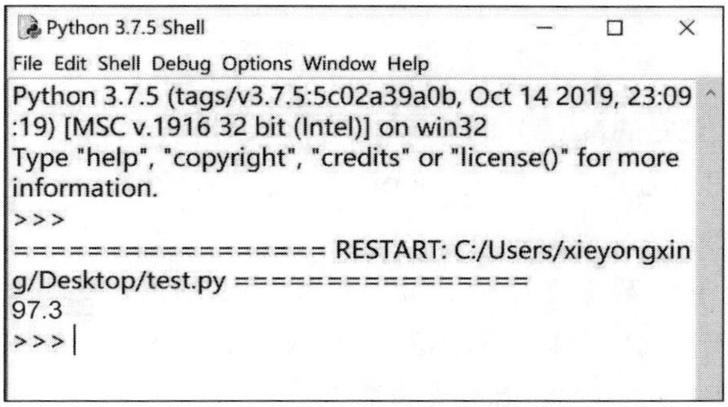

图 3-13   平均分

知识加油箱

　　在上面的程序中，可能有些读者为了区分不同变量表示的意思，会直接用 max、min 作为存放最大值、最小值的变量的名称，虽然程序不会出错，但是不建议这么做。原因是 max、min 等一些函数名在 Python 中是固定的用法，如果你使用的变量名和它一样，程序会直接将你写的变量当成具有相应功能的函数。如果你在同一个程序中再使用对应函数，程序就会报错。所以变量名虽然可以随便取，但是这个随便也是在一定限定条件内的，如不能以数字开头，不能与 Python 中已有的函数名称、关键字（又称关键词，后面会详细介绍）一样。

3.8　动手试一试，更上一层楼

1. 写出下面这个程序的运行结果。

```
a = "12"
b = "34"
print(a+b)
```

【答案】1234。

2. 在代码中，式子 7*7*7*7*7*7*7*7*7 与下面的式子（　　）的结果是一样的。

A. 7*9　　　　　B. 7**9　　　　　C. 9**7　　　　　D. 9*7

【答案】B。

3. 下面这个程序的运行结果是什么？

```
a = 36//8
b = 45+24*5/3-10
c = b%2
d = round((a +c)/b,2)
print(d)
```

【答案】0.07。

4. 下面不能作为变量名的有（ ）。

A. name   B. input   C. print   D. max

【答案】B、C、D。

5. 已知小星最近班上数学测试分数如下：88，77，56，93，98，90，81，68，82，78，90，98，100，89，85，82，70，90，84，89，90，90，83，88。 请你帮助小星使用程序获取分数之间最大的差值。

【答案提示】获取最高分（max() 函数）和最低分（min() 函数）的差。

```
a = min(88,77,56,93,98,90,81,68,82,78,90,98,100,89,85,82,70,90,84,89,90,90,83,88)
b = max(88,77,56,93,98,90,81,68,82,78,90,98,100,89,85,82,70,90,84,89,90,90,83,88)
print(b-a)
```

第 **4** 章

真假两世界

前面我们已经知道了在 Python 中有数字、字符串两种数据类型。在讲解数字类型的过程中，我们学习了数字之间的加、减、乘、除等各种运算，并且我们还学习了如何设置一个变量来存储用户输入的内容以及运算得到的结果。上一章中说到读者可以使用程序自己制作一个计算器，然而如果使用我们之前已经学习过的知识，则一个程序中只能具备一个运算功能，那如何将上一章中讲到的所有运算方法放到一个程序中呢？这就需要在程序中添加控制条件，使得程序同时具有多个功能。这一章就来着重讲解如何在程序中添加一个控制程序运行的功能。

4.1 判断是否相同

在上一章中，我们学习了数字之间的运算方法，例如对用户输入的两个数字进行求和运算。那现在更改题目的要求，提供给用户一个加法式子，让用户输入式子的和，然后对用户输入的内容进行判断。如何实现判断呢？

在编写程序之前，我们先来看一下程序的实现流程图，如图4-1所示。

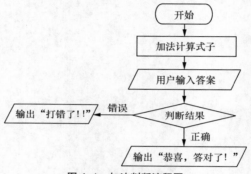

图4-1 加法判断流程图

具体实现可以分为以下几个步骤：

（1）输出一个加法计算式子；

（2）获取用户输入的答案；

（3）判断输入的答案和正确答案是否相同；

（4）输出判断结果。

在步骤（1）中可以使用前面学过的print()函数，这里举例计算5+8的和，对应代码如下：

```
print("5+8=?")
```

在步骤（2）中使用input()函数获取用户输入的答案，并用设置的变量a保存该答案，对应的代码如下：

```
a = input(" 输入计算答案：")
```

步骤（3）中的判断过程转化为我们人类的语言可以是这样的：如果用户输入的答案等于正确答案，那就是回答正确，否则就是回答错误。对应代码如下：

```
if a == 13:
    print(" 恭喜，答对了！ ")
else:
    print(" 答错了！ ")
```

程序运行结果如图 4-2 所示。

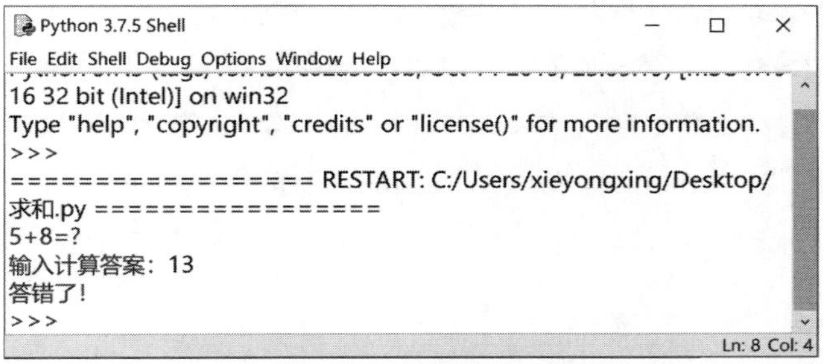

图 4-2 求和判断 1

想一想，议一议

按照数学运算，5+8=13 是没有错误的，程序也能够正常运行，为什么用户输入 13，再使用判断条件之后，输出的信息却显示答错了呢？

在上一章计算用户输入的两个数字之和的过程中，如果直接将用户输入的两个数字相加，得到的结果并不是求和，而是直接将两个数字拼接在一起。原因就是使用 input() 函数输入的内容都是字符串类型，不是数字类型，需要使用 int() 函数将其转换为数字类型，所以程序在原有基础上修改如下：

```
print("5+8=?")
a = input(" 输入计算答案： ")
if int(a) == 13:
    print(" 恭喜，答对了！ ")
else:
    print(" 答错了！ ")
```

再次运行程序，结果如图 4-3 所示。

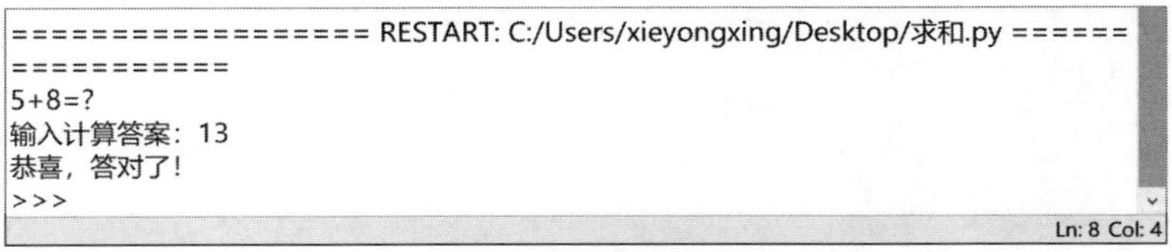

图 4-3 求和判断 2

知识加油箱

if：意思为"假设、如果"，在程序中用于条件判断。

else：意思为"另外的、其他的"，在程序中用于与if判断对立的条件。

一定要注意的是，if后面加判断条件，用 == 表示是否相等，else后面不能加判断条件；if和else后面都要跟上一个英文输入法下的冒号。

读者应该都注意到了，上面编写的程序中的if判断下的代码都使用了换行缩进。代码缩进是 Python 程序一个非常鲜明的特征。代码缩进可以告诉计算机代码从哪里开始执行，并在哪里结束，例如上面程序中 if 和 else 判断下的代码就是告诉计算机满足条件后执行对应缩进的代码块。在 Python 中可以使用 Tab 键实现缩进或者使用连续的 4 个空格，但因为在不同的计算机上按 Tab 键实现的缩进距离可能不一样，所以在此建议使用 4 个空格实现缩进。

4.2 真真假假

数字之间的比较除了相等之外，还有大于（＞）、小于（＜）、大于等于（＞=）、小于等于（<=）、不等于（!=），这些符号都可以用于数字大小的判断，放在 if 后面，控制程序的运行。

想一想，议一议

如果在 IDLE 中直接输入下面的代码，运行结果会是什么呢？

```
print(1>2)
print(6>2)
```

1>2 这个肯定是不成立的，因此可能有些读者认为程序会报错，其实程序并不会报错。它的运行结果是换行输出两个单词 False 和 True，在程序中分别表示条件不成立和条件成立，可作为条件控制程序的运行依据，例如编写下面这个程序：

```
if True:
    print(" 加法运算 ")
else:
    print(" 减法运算 ")
```

程序运行结果如图 4-4 所示。

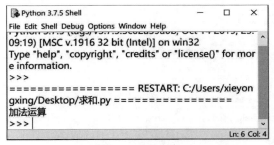

图 4-4 条件判断

从图 4-4 中可以看到，程序执行的是 if 判断下的代码。也就是说，if 后面如果跟上一个具体的判断条件且条件成立的话，和 True 是一样的作用，True 和 False 代表的是具体条件判断后的结果，if 判断下的代码只有在条件成立的情况下才执行。

True：意思为"真实、正确"，在程序中作为条件成立的标志，在程序中使用时首字母一定要大写。

False：意思为"错误的、不正确的"，在程序中作为条件不成立的标志，在程序中使用时首字母一定要大写。

True 和 False 在程序中是一种新的数据类型，名字叫作布尔类型。

在 Python 程序中除了可以使用单个比较符号之外，还可以将多个符号"串"在一起完成对于某个区间的判断，例如：

```
if 10<= age < 15:
```

这里相当于判断变量 age 的范围，如果 age 大于等于 10，并且小于 15，则其返回结果为 True。

4.3 不同类型的比较

前面说过，使用 input() 函数获取的用户输入的内容是字符串类型，进行计算的时候，必须先使用 int() 函数将输入内容转换为数字类型，那用户输入的数字与数字类型的数字是一样的吗？我们来使用程序做一个判断比较，代码如下：

```
a = input(" 输入数字： ")
b = 3
print(a == b)
```

假设程序运行之后，用户输入的是数字 3，程序运行的结果如图 4-5 所示。

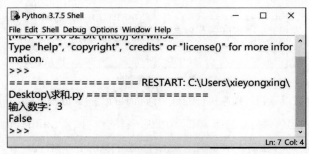

图 4-5　不同类型的比较

从程序的运行结果可以看出，虽然用户输入的是数字 3，但它是字符串类型，而变量 b 是数字类型的 3，两者的类型不同，不能进行比较。

想一想，议一议

运行下面的程序，看看运行结果是什么？

```
a = "3"
b = 3
print(a == b)
```

运行结果与上面一样，都是 False，因为这里的变量 a 存储的同样是字符串类型的 3，与数字 3 不能进行比较。

 ## 4.4　缺一不可的 and

使用条件判断语句 if 和 else 只能就两种对立的条件进行相关的判断，例如抛硬币正常情况下只有两种结果：正面和反面。但是在真实情况下，判断往往有多个方向，例如在数学中求某一个数是否能够同时被某些数字整除。下面就来看这么一个题目：利用程序判断用户输入的数字是否能够同时被 3、5、7 整除，如果能，则输出这个数字，反之输出"不能同时被 3、5、7 整除"。

这个题目的对应实现流程图如图 4-6 所示。

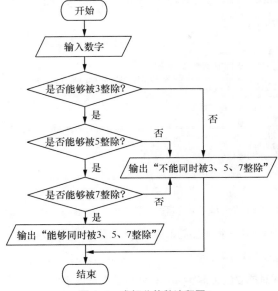

图 4-6 求解公倍数流程图

程序流程图具体步骤如下：

（1）获取用户输入的数字；

（2）先判断用户输入的这个数字是否能够被 3 整除；

（3）在能够被 3 整除的条件下，再去判断是否能够被 5 整除；

（4）最后在能够被 3、5 整除的条件下，再判断是否能被 7 整除；

（5）输出最后的对应判断结果。

此时根据前面所讲解的 if 和 else 条件判断知识编写程序，具体的代码如下：

```
a = int(input(" 输入数字："))
if a%3 == 0:
    if a%5 == 0:
        if a%7 == 0:
            print(" 能够同时被 3、5、7 整除 ")
        else:
            print(" 不能同时被 3、5、7 整除 ")
    else:
            print(" 不能同时被 3、5、7 整除 ")
else:
        print(" 不能同时被 3、5、7 整除 ")
```

利用 % 求余数，当能够被整除的时候，余数等于 0。这里一定要注意了，先使用 int()

函数将用户输入的内容转换为数字类型；并且这里的每一个 if 判断都是在上一个 if 判断条件成立的基础上再进行的，所以要注意代码缩进，相同缩进的 if 和 else 是同一等级。程序运行的结果如图 4-7 所示。

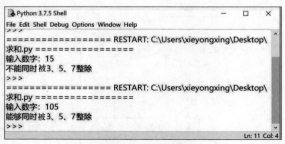

图 4-7　求公倍数

你是不是已经发现写这个程序的过程特别麻烦，一不小心就容易因为代码缩进的问题而导致程序出错？这里提供一种更加简单的方法。上面的程序是为了输出能够同时被 3、5、7 整除的数字，也就是说用 if 判断的 3 个条件必须同时成立。在 Python 中提供了一种用于判断多个条件是否同时成立的关键字 and，使用这个关键字可以将上面的程序简化成如下代码：

```
a = int(input(" 输入数字："))
if a%3 == 0 and a%5==0 and a%7 ==0:
    print(" 能同时被 3、5、7 整除 ")
else:
    print(" 不能同时被 3、5、7 整除 ")
```

使用 and 之后，就可以将需要同时判断的条件写在一个 if 判断后面，每个条件之间用 and 连接，表示必须是每个条件都成立，才能执行 if 下面的代码，否则执行 else 后的代码。

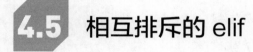

and：意思为 "与、和"，在程序中用于连接多个需要同时判断满足的条件，只有当连接的所有条件都成立的时候，才会执行 if 下面的代码，否则执行 else 下面的代码。

4.5　相互排斥的 elif

前面我们讲解了如何使用 if 和 else 条件判断语句，这两个语句是相互排斥的，也就是说同一时间内，程序执行两个判断中的其中一个。在我们的生活中，很多判断往往并不是只有两个可能性，例如数学上的运算，除了加法和减法，还有乘法、除法等各种运算。这一节对存在多个情况的判断进行讲解。

想一想，议一议

　　在知道了关键字 and 的使用方法之后，我们将之前的题目换成判断用户输入的数字是否能被 3、5、7 中的一个数字整除，如果能够被相应的数字（3、5、7）整除就输出这个数字，否则输出不能被整除。如何用程序来实现呢？

与使用 and 的题目条件不同，这里只需要能够被其中的一个数字整除就可以了，实现步骤如下：

　　（1）获取用户输入的数字；

　　（2）判断是否能够被 3 整除，如果能，输出"能够被 3 整除"，程序结束；

　　（3）判断是否能够被 5 整除，如果能，输出"能够被 5 整除"，程序结束；

　　（4）判断是否能够被 7 整除，如果能，输出"能够被 7 整除"，程序结束；

　　（5）如果 3、5、7 都不能整除该数字，输出"不能被 3、5、7 整除"。

对应的具体程序如下：

```
a = int(input(" 输入数字："))
if a%3 == 0:
    print(" 能够被 3 整除 ")
else:
    if a%5 == 0:
        print(" 能够被 5 整除 ")
    else:
        if a%7==0:
            print(" 能够被 7 整除 ")
        else:
            print(" 不能被 3、5、7 整除 ")
```

程序运行结果如图 4-8 所示。

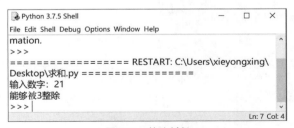

图 4-8　整除判断

从图 4-8 中可以看出，用户输入的数字 21 是可以同时被 3 和 7 整除的，但是程序只执行了第一个能否被 3 整除的判断就结束了。程序的目的虽然达到了，但是在编写的过程中和之前一样，要多次使用 if 和 else，这就很容易由于缩进不当而导致程序出错，在 Python 中可以用 elif 来简化上面的代码，具体如下：

```
a = int(input(" 输入数字： "))
if a%3 == 0:
     print(" 能够被 3 整除 ")
elif a%5 == 0:
     print(" 能够被 5 整除 ")
elif a%7 == 0:
     print(" 能够被 7 整除 ")
else:
     print(" 不能被 3、5、7 整除 ")
```

elif 就相当于之前的 else 和 if 的缩写，elif 和 if 一样，需要在后面加上具体的判断条件，而且使用 elif 的条件与之前的条件是相互排斥的，也就是说只能同时满足一种情况。在判断多个条件的过程中，if 后面可以加上多个 elif，没有数量上的限制。在程序从上往下执行的过程中，只要这些判断中有一个条件成立，后面的程序将不会再被执行，如果 if 和 elif 后面设置的条件没有一个成立，最终会执行 else 后面的语句。

想一想，议一议

如果将上面代码中的 elif 改成 if，在程序开始运行后，用户输入 35，结果会是什么呢？

我们来修改一下程序，运行结果如图 4-9 所示。

图 4-9 if 判断多条件

可以发现，程序分别进行了是否能够被 3、5、7 整除的判断。也就是说，多个 if 判断是互不干扰的，一个判断完之后，下面的 if 可以继续判断。而这道题只需要满足其中一个条件即可，多个 if 判断并不适用。

知识加油箱

elif 在程序中用于多个条件的判断，后面跟上判断的条件，判断过程中只要满足了一个条件，其他的条件会被自动忽略，而 if 是每个条件不管之前的条件有没有成立都要进行判断。

有一个就行的 or

同时判断多个条件是否成立，可以使用关键字 and 来简化代码；判断满足多个条件中的一个时，是否也有类似 and 的关键字呢？

答案当然是有的，就是关键字 or。使用 or 可以将上一节中的代码简化如下：

```
a = int(input(" 输入数字： "))
if a%3 == 0 or a%5==0 or a%7==0:
    print(" 能够被 3、5、7 中的一个整除 ")
else:
    print(" 不能被 3、5、7 整除 ")
```

关键字 or 的使用和 and 类似，它可以将多个判断条件连在一起放在 if 后面。与 and 的功能不同，and 是需要连接的所有条件全部成立才能执行 if 下的程序代码，or 只需要连接的多个条件中有一个成立就可以执行 if 下的代码。

知识加油箱

or：意思为"或者，否则"，在程序中用于连接多个判断条件，并且多个条件中只要有一个成立即可。

表示否定的 not

if 判断后面跟着的条件为真时，if 下的代码才会执行，使用关键字 not 之后，if 后面的条件为真时就会成为假，反之假就会成为真，例如下面这个程序：

```
age = 12
if age>10:
    print(" 大于 10 岁 ")
else:
    print(" 小于等于 10 岁 ")
```

这是一个判断年龄的程序，很明显这个程序执行的结果是输出"大于 10 岁"，那如果要用 not 改写，但要保证程序的运行结果不变，可以改成下面这样：

```
age = 12
if not age<=10:
    print(" 大于 10 岁 ")
else:
    print(" 小于等于 10 岁 ")
```

首先程序中的 age=12 是大于 10 的，如果不加 not，输出的应该是 else 下面的代码，加上 not 之后，判断表示不小于等于 10，条件成立，所以执行 if 下面的代码。

知识加油箱

not：意思为"不，没有"，在程序中表示相反的逻辑，如果条件本身不成立，加上 not 之后，否定之后的否定就是成立。

4.8 程序实例：计算器

计算器的程序流程图如图 4-10 所示。

实现步骤如下：

（1）获取用户输入的第一个数字；

（2）选择对应的运算功能；

（3）获取用户输入的第二个数字；

（4）将运算结果输出。

具体程序如下：

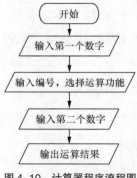

图 4-10　计算器程序流程图

```
a = int(input(" 输入第一个数字： "))
b = input(" 输入对应功能的编号： 1. 加法 2. 减法 3. 乘法 4. 除法 ")
c = int(input(" 输入第二个数字： "))
if b=="1":
    print(a+c)
elif b=="2":
    print(a-c)
elif b=="3":
    print(a*c)
elif b == "4":
    print(a/c)
```

```
else:
    print(" 输入数字无效 ")
```

上面的程序中使用了 elif 进行多个判断，当然你也可以使用 if 判断，虽然程序运行结果一样，但是这里建议使用 elif。因为 if 是每个条件都会判断一次，而 elif 只有当前的条件不满足时，才会执行后面的判断，效率要比 if 高很多。

4.9 动手试一试，更上一层楼

1. 判断下面这个程序的运行结果。

```
a = 2
if a >0:
print(a 大于 0)
```

【答案】程序运行出错：（1）if 后面的程序要缩进；（2）print() 函数括号中的代码要用引号引起来。

2. 判断下面这个程序的运行结果。

```
a = 2
if a=2:
    print("a 等于 2")
else a!=2:
    print("a 不等于 2")
```

【答案】程序报错：（1）if 判断中的等于用 ==；（2）else 后面不能加条件。

3. 下面这个程序的运行结果是什么？

```
print(1==1)
print(2=="2")
```

【答案】True、False。

4. 下面这个程序的运行结果是什么？

```
if true:
    print("abc")
else:
print("123")
```

【答案】程序报错：（1）else 后面的代码没有缩进；（2）true 的 t 是大写的。

5. 观察下面的程序，如果输入数字 24，程序的运行结果是什么？

```
a= int(input())
if a %2 ==0:
    print(a)
if a%4 ==0:
    print(a-4)
if a%8 == 0:
    print(a-8)
```

【答案】24、20、16。

6. 观察下面的程序，如果输入数字 24，程序的运行结果是什么？

```
a= int(input())
if a%2 ==0:
    print(a)
elif a%4 ==0:
    print(a-4)
elif a%8 == 0:
    print(a-8)
```

【答案】24。

7. 用程序判断用户输入的年份是否为闰年。如果时闰年，则输出"闰年"，否则输出"不是闰年"。

【答案】

```
year = int(input(" 输入年份： "))
if year%4==0 and year%100!=0 or year%400==0:
    print(" 闰年 ")
else:
    print(" 不是闰年 ")
```

8. 用程序判断用户输入的数字是否能够被 7 整除或者能够被 11 整除。如果能被 7 或 11 整除，则输出这个数，否则输出"不是 7 或 11 的倍数"。

【答案】

```
a = int(input(" 请输入要判断的数字： "))
if a%7==0 or a%11==0:
    print(a)
else:
    print(" 不是 7 或 11 的倍数 ")
```

第 **5** 章

充满魔力的字符串

通过前面几章的学习，我们知道了在 Python 中存在数字与字符串两种类型，字符串类型和数字类型最大的区别在于是否有引号，有引号引起来的内容（数字、符号、字母……）就是字符串。而且前面也说过，在 Python 中，单引号的作用和双引号的作用一样。此外，我们还介绍了使用三引号实现快速输出多行内容的方法。在本章，我们将继续深入讲解字符串的特性及语法。

5.1 从中找到"你"

一个字符串往往包含了多个字符，这些字符可能是数字、字母，也可能是一些符号。我们定义的字符串可以多种多样，每个字符串中可以只有一种元素（数字、字母、符号等），也可以有多种不同的构成元素。例如，我们可以定义一个字符串 a="123456"，也可以定义字符串 a="re24bd5az"，还可以定义字符串 a="q2ew!#3frtl561*\$fd6"。

想一想，议一议

> 使用 input() 函数获取用户输入的内容时，如何判断用户输入的内容中是否包含字符 a 呢？

在前面的章节中介绍过，使用 input() 函数获取的用户输入内容的类型是字符串。因为每一个用户输入的内容不是样的，可能有的用户输入的内容很长，有的用户输入的内容很短，这时候就需要用到 Python 中一个专门用于判断是否包含某个元素的关键字 in。上一章我们已经讲过了使用 if 进行判断，这里要对用户输入的内容进行判断，程序实现步骤如下：

（1）获取用户输入的内容；

（2）对内容进行判断，判断字母 a 是否存在于字符串中。

具体程序如下：

```
user = input("请输入内容：")
if "a" in user:
    print("用户输入的内容中存在字母 a")
else:
    print("用户输入的内容中不存在字母 a")
```

程序运行结果如图 5-1 所示。

图 5-1　判断字符串中是否存在 a

从运行结果可以看出，使用关键字 in 就可以判断字符串中是否存在某个要查询的元素，它通常放在判断语句 if 后面。

 知识加油箱

in：意思为"在……内、在……中"，在程序中用于判断字符串中是否存在某个元素。

5.2 验证你的手机号

在生活中要登录某个网站平台的时候需要我们输入手机号码，如果用户输入的不是手机号码，网站就会显示"输入信息错误"等信息提示。那如何判断用户输入的是不是手机号码呢？

想一想，议一议

手机号码有哪些特征？这些特征用程序怎么判断呢？

首先，手机号码都是由数字构成的；其次，它的数字长度是 11 位；而且手机号码的开头是数字 1。当然了，还有很多较细的规则，这里我们只验证上面 3 点。

在编写程序之前，我们先来分析一下程序的实现流程图，如图 5-2 所示。

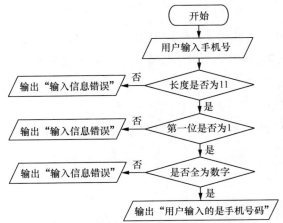

图 5-2 判断输入的内容是否为手机号流程图

具体实现可以分为以下几个步骤：

（1）用户输入一个手机号码；

（2）判断用户输入内容的长度是否为 11；

（3）判断用户输入内容的第一位是否为数字 1；

（4）判断用户输入的内容是否全部是数字；

（5）当上面所有判断条件成立时，输出"用户输入的是手机号码"的提示信息。

根据上面的流程图步骤分析，具体实现步骤如下。

步骤（1）中可以用获取用户输入内容的函数 input()，并在括号中写上提示信息。因为后面要对用户输入内容进行判断，所以设置一个变量 user 保存用户输入的内容，具体代码如下：

```
user= input(" 输入电话号码： ")
```

步骤（2）判断用户输入内容的长度是否为 11，也就是说判断用户输入的数字的个数是否为 11 个。这里要用 Python 中的函数 len()，该函数专门用于获取字符串的长度，括号中填入要获取长度的变量或字符串。这里要获取的是用户输入的内容，所以括号中放入 user 即可。同理，为了后面的程序判断，这里将获取的长度值放入名为 length 的变量中，具体的实现代码如下：

```
length = len(user)
if length != 11:
    print(" 输入信息有误 ")
else:
    ......
```

在上面的步骤中，用 len() 函数获取用户输入内容的长度时，返回的结果是一个数字。然后判断，当这个数字不等于(!=)11 的时候，输出"输入信息有误"，否则继续下面步骤（3）的判断。

步骤（3）判断用户输入的第一位数字是否为 1，在程序中如何判断呢？之前说过，input() 函数获取的用户输入内容类型是字符串类型，这里的字符串由多个元素构成，要获取字符串中对应的第一位数字，就需要用到一个新的知识——索引。

5.3 认识索引

索引就是目标对应的位置。就像我们在电影院看电影一样，为了方便管理影院人数，每个影院都有固定的座位，座位上有对应的编号。同理，字符串里的元素也有对应的编号，不同的是它的编号是从 0 开始的，依次加 1。例如，已知一个字符串 a="12345"，它其中的元素分别对应的编号如下所示。

a = "12345"。

索引：01234。

根据索引就可以获取并输出字符串中对应的元素。通过 [] 加对应的数字索引就可以获取对应的字符串元素。例如，要输出字符串 a 中的 1，就可以使用代码 print(a[0])；要输出 2 则使用 print(a[1])。

想一想，议一议

字符串最大索引和字符串的长度有什么关系呢？如果按照索引获取字符串中的元素时，填入的索引大于字符串的最大索引，程序会怎样呢？

在前面我们讲解了可以使用 len() 函数获取字符串的长度，因为索引从 0 开始，所以它的最大值 = 字符串的长度 −1。那如果在获取字符串中的元素时，填入的索引大于最大长度，结果会怎样？我们来做个测试，测试程序的代码如下：

```
a = "123456"
print(a[0])
print(a[3])
print(a[5])
print(a[7])
```

程序运行结果如图 5-3 所示。

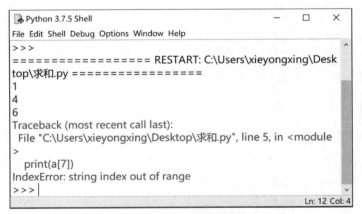

图 5-3　根据索引获取元素

从图 5-3 可以看出，当索引超出字符串最大的索引时，程序会报错。

在知道可以通过索引获取字符串中的元素之后，接下来继续编写验证手机号码的程序，使用索引的方式完成步骤（3），验证用户输入内容的第一个元素是否为数字 1，代码如下：

```
if user[0] == "1":
    ......
else:
    print(" 输入信息有误 ")
```

这里要注意了，判断是否为 1 时一定要使用字符串类型的 "1"，因为 input() 函数获取的用户输入的内容是字符串类型，通过索引获取的字符串里面的元素也是字符串类型。

接着继续完成步骤（4）的判断，在这个步骤中需要对用户输入的字符串中的字符一一判断是否为数字。Python 中的函数 isnumeric() 用于判断字符是否为数字，它的使用方式如下：

```
字符串中的元素 .isnumeric()
```

判断返回的结果是 True 或 False，如果是 True 则表示为数字，否则表示不是数字。还可以使用 isalpha() 函数判断字符串中的字符是否为字母，使用方式和 isnumeric() 函数一样，返回的结果同样是 True 或 False。在这里我们使用 isnumeric() 函数对用户输入的内容一一进行判断，具体代码如下：

```
if user[0].isnumeric() and user[1].isnumeric() and user[2].isnumeric() and
user[3].isnumeric() and user[4].isnumeric() and user[5].isnumeric() and user[6].
isnumeric() and user[7].isnumeric() and user[8].isnumeric() and user[9].
isnumeric() and user[10].isnumeric():
    print(" 用户输入的是手机号码 ")
else:
    print(" 输入信息有误 ")
```

这里依次取出用户输入内容中的每一个元素进行判断是一个非常麻烦的过程，有没有简单的方法呢？当然有，在下一章将详细讲解简单的方法。最后，验证用户输入的内容是否为手机号码的程序的运行结果如图 5-4 所示。

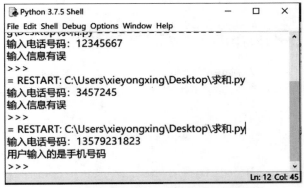

图5-4　判断用户输入内容是否为手机号码

知识加油箱

isnumeric() 函数：在程序中用于判断字符串是否为数字。

isalpha() 函数：在程序中用于判断字符串是否为字母。

现在我们可以通过索引获取字符串中的某一个元素，那如何获取字符串中多个连续的元素呢？例如，如何获取字符串 a="2rt6y8kem" 中的"6y8k"呢？按照目前为止讲过的方法可以用下面的代码实现：

```
a="2rt6y8kem"
print(a[3]+a[4]+a[5]+a[6])
```

这种写法虽然能够实现，但是较为麻烦，如果要获取的字符串很长，那就得写很长的代码。为了减少不必要的麻烦，Python 提供了一种叫作切片的方法。所谓切片就是从字符串中切出部分连续的字符，它的用法如下：

```
字符串名 [ 起始位置 : 结束位置 +1]
```

这里要注意的是，使用切片时要指定索引范围，这个范围是要获取的字符起始索引～结束索引 +1。例如从上面的字符串 a 中获取字符串"6y8k"，它的起始索引是 3，结束索引是 6，但需注意的是，切片中填的末尾值一定比要获取的末尾字符的索引多 1，不然就获取不了末尾值。切片的规律也叫作"取头不取尾"。所以用切片获取字符串可以简化成下面的代码：

```
a="2rt6y8kem"
print(a[3:7])
```

5.4 古灵精怪的字符串函数

一个字符串里面往往会包含多个英文字母，而英文字母又区别于数字、汉字、符号等，它有大小写之分。下面我们就来看看如何实现字符串大小写的变化。

想一想，议一议

在上一章中我们了解了 True 和 False 表示判断条件的成立和不成立，观察下面的代码，说出程序的运行结果是什么：

```
a = "a"
if a =="A":
    print("123")
else:
    print("234")
```

上面程序的运行结果是输出 234，这是因为在程序中，大写字母 A 与小写字母 a 是不一样的。如果要使上面代码的运行结果是 123，就需要将程序中的小写字母 a 变成大写字母 A，或者是将大写字母 A 变成小写字母 a，然后再进行比较。在 Python 中有两个函数 lower() 和 upper()，它们的使用方式如下：

```
字符串 . 函数名 ()
```

具体的用法看下面的程序案例：

```
a = "aBTw12"
b = a.lower()
c = a.upper()
print(b)
print(c)
print(a)
```

程序运行结果如图 5-5 所示。

图 5-5　字符串大小写转换函数的使用

从程序运行结果可以看到，lower() 函数的作用是将字符串中的大写字母变成小写字母，upper() 函数的作用是将小写字母变成大写字母，而且原来的字符串内容是不会发生变化的。

lower：意思为"减少、缩小"，在程序中用于将字符串中的大写字母变成小写字母。

upper：意思为"上边的、上面的"，在程序中用于将字符串中的大写字母变成小写字母。

值得注意的是，字符串本身的内容是不可变的，虽然可以使用 lower() 函数或 upper() 函数改变字符中字母的大小写，但是字符串原来的内容不变。如果要使用改变后的字符串，需要用一个新的变量存储改变后的字符串。

5.5 类型照妖镜——type() 函数

到目前为止，我们讲解了数字、字符串两种数据类型，一起来看看下面这个程序，说出程序运行之后的结果：

```
a = input(" 输入第一个数字：")
b = input(" 输入第二个数字：")
c = a + b
print(" 两者之和是："+ c)
```

运行程序之后，用户分别输入 3、4，结果如图 5-6 所示。

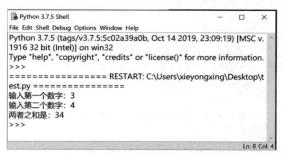

图 5-6　数字之和 1

想必出现的结果你已经猜到了，这是因为 input() 函数获取用户输入的内容类型是字符串类型，+ 在字符串类型中表示的是拼接。但是上面的程序最初是想实现求数字相加之和，那如何修改上面的代码来实现呢？

之前我们讲过可以使用 int() 函数将字符串类型的数据转换为真正的数字，所以可以在进行加法运算之前，先将程序中用户输入的内容转换为数字，修改后代码如下：

```
a = input(" 输入第一个数字：")
b = input(" 输入第二个数字：")
c = int(a)+ int(b)
print(" 两者之和是："+ c)
```

程序运行结果如图 5-7 所示。

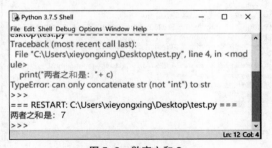

```
===== RESTART: C:\Users\xieyongxing\Desktop\test.py ====
输入第一个数字：3
输入第二个数字：4
Traceback (most recent call last):
  File "C:\Users\xieyongxing\Desktop\test.py", line 4, in <module>
    print("两者之和是："+ c)
TypeError: can only concatenate str (not "int") to str
>>>
                                                        Ln: 16 Col: 4
```

图 5-7　数字之和 2

从图 5-7 中可以看到程序第四行代码报错，报错原因说的是字符串类型不能直接和数字类型连接在一起，因为 + 在数字类型中表示进行加法运算，而在字符串中表示的却是拼接。由于存在两种不同的功能，因此程序出错。要解决这种错误，只需要在拼接之前使用 str() 函数将数字类型转换为字符串类型，修改后代码如下：

```
a = input(" 输入第一个数字：")
b = input(" 输入第二个数字：")
c = int(a)+ int(b)
print(" 两者之和是："+ str(c))
```

再次运行程序，结果如图 5-8 所示。

```
Python 3.7.5 Shell                          —    □    ×
File Edit Shell Debug Options Window Help
esktop\test.py
Traceback (most recent call last):
  File "C:\Users\xieyongxing\Desktop\test.py", line 4, in <mod
ule>
    print("两者之和是："+ c)
TypeError: can only concatenate str (not "int") to str
>>>
=== RESTART: C:\Users\xieyongxing\Desktop\test.py ===
两者之和是：7
>>>
                                                        Ln: 12 Col: 4
```

图 5-8　数字之和 3

这里一定要注意的是，先要使用 int() 函数将用户输入的内容转换为数字类型，然后再进行加法运算，此时得到的运算结果是数字类型，不能直接和字符串类型进行拼接，需要使用 str() 函数将结果再次转换为字符串类型，然后才能进行拼接输出。

为了防止读者以后学习的知识越来越多，混淆了数据类型，Python 中提供了 type() 函数用于获取数据的类型，例如，我们来输出一下字符串类型和数字类型的信息：

```
a = 123
b = "123"
print(type(a))
print(type(b))
```

程序运行结果如图 5-9 所示。

int 表示的就是整数（数字）类型，而 str 表示的是字
符串类型，当前这里只介绍这两种类型，后面的章节还会介
绍列表、字典、集合等数据类型。

```
================= RESTART:
=
<class 'int'>
<class 'str'>
>>>
```

图 5-9 类型

5.6 程序实例：加密和解密

在战争时期，为了确保己方的信息不被对方截获破译，人们往往会对信息进行加密，
加密后的信息要根据对应的密码本进行解密，那如何利用计算机进行加密呢？

在计算机中存在一种名为美国信息交换标准代码（ASCII）的编码，每一个字母、数字、
符号等数据存储在计算机中时都会被转化为一个具体的数值，转化后的数值能够直接被计算
机识别，例如 a 的 ASCII 值是 97。图 5-10 所示为一些关键字符对应的 ASCII 值。

符号	值	符号	值	符号	值
A	65	U	85	i	105
B	66	V	86	j	106
C	67	W	87	k	107
D	68	X	88	l	108
E	69	Y	89	m	109
F	70	Z	90	n	110
G	71	[	91	o	111
H	72	/	92	p	112
I	73	]	93	q	113
J	74	^	94	r	114
K	75	_	95	s	115
L	76	`	96	t	116
M	77	a	97	u	117
N	78	b	98	v	118
O	79	c	99	w	119
P	80	d	100	x	120
Q	81	e	101	y	121
R	82	f	102	z	122
S	83	g	103		
T	84	h	104		

图 5-10 ASCII 表（部分）

将字符串转化为 ASCII 值可以使用 Python 中的 ord() 函数，例如图 5-11 所示的几
个例子。

可以看到使用 ord() 函数之后就可以将字符串加密成数字，这样的话，就算别人获取到你的信息也不一定看得懂，在一定程度上确保了信息安全。

对信息加密之后，接下来就要对信息进行解密，不然自己也看不懂。可以使用 Python 中的 chr() 函数对数据进行解密，例如图 5-12 所示的几个例子。

```
>>> ord("a")
97
>>> ord("A")
65
>>> ord("我")
25105
>>>
```

```
>>> chr(25105)
'我'
>>> chr(65)
'A'
>>> chr(97)
'a'
>>>
```

图 5-11　将字符串转化为 ASCII 值的例子　　图 5-12　使用 Python 中的 chr() 函数解密数据的例子

这里要注意的是，ord() 函数括号中放的是要加密的字符串，得到的结果是一串数字；而 chr() 函数括号中放的是要解密的数字，获得的结果是一个字符串。

5.7　动手试一试，更上一层楼

1. 运行下面的程序，说出程序的运行结果。

```
a= "nr*4fst69dlw"
print("t" in a)
print("st" in a)
print(4 in a)
```

【答案】结果依次为 True；True；报错。关键字 in 用于判断时返回的结果只能是 True 或 False，而且只能用于字符的判断，而不能用于数字的判断。

2. 判断下面这个程序的运行结果。

```
a= "314%&fse56rv"
print(len(a))
```

【答案】12，len() 获取字符串的长度。

3. 运行下面的程序，输入 Python 之后，程序的运行结果是什么？

```
a= input()
print(int(a))
```

【答案】程序报错，int() 函数只能转换字符串类型的数据。

4. 补全下面的代码，使得程序输出两个数字之差。

```
a= input()
b= input()
c = _____
print(" 两数之差是：  "+c)
```

【答案】str(int(a)+int(b))。

5. 补全代码，当用户输入 cBaSz，程序输出 CBASZ 和 cbasz。

```
a= input()
b = _____
c = _____
print(c)
```

【答案】upper(); lower()。

6. 运行下面的程序，说出程序的运行结果。

```
a= "nr*4fst69dlw"
print(a[0])
print(a[1])
b = len(a)
print(a[b-1])
print(a[20])
```

【答案】n; r; w; 报错。在字符串中，通过索引获取字符串中的字符时，索引的范围是 0 ~ 字符串长度 −1，超出范围程序将报错。

7. 运行下面的程序，说出程序的运行结果。

```
a= "12we&1t3#1ab"
b = "90rTwQ"
if "1" not in a:
    print(b.lower())
else:
    print(b.upper())
print(b)
```

【答案】90RTWQ；90rTwQ。关键字 in 用于判断某个字符是否在字符串中，而 not in 则是相反的，表示判断某个字符是否不在字符串中。上题中字符 "1" 是存在于字符串 a 中的，所以程序执行的是 else 语句下的代码，输出 b 字符串的大写形式，而最后输出 b，因为原本的元素并没有改变，所以还是输出 90rTwQ。

8. 根据本章讲解的加密和解密函数，设计一个有关加密的小程序。

第6章

一直在重复

机器相比人有一个特别显著的优势，那就是不会感觉到疲劳，能够在运转正常的前提下，快速地重复干同一件事。下面就来学习如何让计算机又快又好地去完成一些事。

6.1 小星的疑问

小星学习了如何利用程序在计算机中输入和输出内容之后，在后续的练习过程中突然有了这样一个疑问：“输出一遍就需要写一个 print() 函数，那输出多遍，岂不是要写多个 print() 函数，这也太麻烦了吧？”例如：

```
print("computer")
print("computer")
print("computer")
print("computer")
print("computer")
……
```

想一想，议一议

如何帮助小星，令计算机快速地输出多个内容呢？

Python 中有专门的方法用于解决这类重复的问题，它就是循环。它的结构如图 6-1 所示。

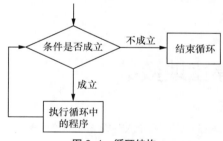

图 6-1 循环结构

使用循环只需以下两行代码就可以实现无数次输出 computer：

```
while True:
    print("computer")
```

程序写完之后，按 F5 键即可运行，可以看到程序运行界面不断地输出英文单词 computer。这时候如果要终止输出内容，只需同时按 Ctrl 键和 C 键即可结束程序运行。

在上面的程序中，可以看到只在 print() 函数的上面增加了一行 while True:。while 就是程序中的循环，这个循环中写着要一直重复做的事情；True 在前面的章节中已经介绍过了，表示的是条件成立的情况。也就是说，while True 表示程序运行条件一直成立，在这个循环里的代码会一直执行。

细心的读者肯定也发现了在 while True 后面有一个冒号，这标志着在这后面的代码都是要重复执行的，而且这后面的代码和 while True 并不是对齐的。也就是说要重复执行的代码需要进行缩进，通过缩进声明哪些代码是需要重复执行的，可以按 Tab 键进行缩进处理。

知识加油箱

while：意思为"在……期间、当……的时候"，在程序中表示循环，后面要跟上条件。可以按 Tab 键，也可以按 4 个空格键来实现缩进，Python 程序中通过缩进表示程序的执行范围。

观察与思考

小星按照这里所讲的 while 循环重新修改了自己的程序，运行之后，出现了图 6-2 所示的问题。

根据报错信息的红色定位，首先可以知道程序中的冒号写错了，程序中的冒号必须为英文输入法下的冒号；其次，true 的 t 必须是大写的 T；最后，while 循环后面的内容要使用 Tab 键进行缩进处理。

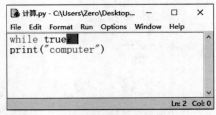

图 6-2　错误信息

6.2　永不停止地数数

数数，大家小时候都学过，相信每个人都能够很自信地从 1 数到 100 不会出错，但是让你从 1 数到 1000、10000、10000000 乃至更大的数，这个时候你还能保证数数的过程中不会出错吗？数数，它其实也是一个重复的过程，每个数字只在前面数字的基础上加 1。下面就看看如何使用 while 循环进行数数。在开始之前，我们先来分析一下实现步骤：

（1）确定起始数 0；

（2）每循环一次加 1；

（3）输出数字。

对应的流程图如图 6-3 所示。

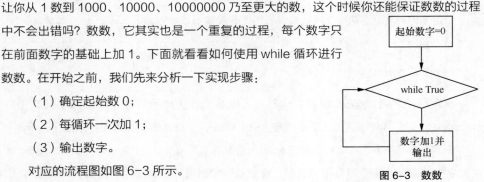

图 6-3　数数

根据步骤，首先在循环外面定义变量 number =0，接着在 while 循环里对 number 加 1，然后将 number 输出。在这里可以将 number = number +1 简写成 number +=1，表示变量在自己的基础上加 1。

程序如下：

```
number = 0
while True:
    number = number +1
    print(number)
```

知识加油箱

变量在自己的基础上改变值时，除了加法运算可以简写，其他运算同样可以。例如 number= number * 2 可以简写为 number *=2，number = number/2 可以简写为 number /=2。

同理，还有 – =、**=、%= 等。

6.3 数到 100 就结束

想一想，议一议

前面使用程序让计算机数数时，程序会一直数下去，每次都需要我们自己手动同时按 Ctrl 键和 C 键才能结束程序，那如何让程序数到 100 就自动结束呢？

前面说过 while 循环后面要加上条件，这里我们可以将 True 换成具体的判断条件，例如这里可以将 while True 换成 while number<100，即可获取到 1 ~ 100 的数。

除了这种方式，还可以使用特定的关键字 break 和 continue，在循环里面控制循环的次数。

break：在满足设置的条件下，结束整个循环。

continue：在满足设置的条件下，跳过当前循环，然后再继续执行下一次循环。

让程序数到 100 就自动结束，只需在上面程序的基础上添加判断结束的条件，然后加上 break 结束循环，它的实现流程如图 6-4 所示。

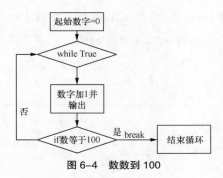

图 6-4　数数到 100

实现代码如下：

```
number =0
while True:
    number = number + 1
    print(number)
    if number ==100:
    break
```

运行程序之后，可以看到程序在数到 100 之后自动停止了数数，也就是结束了之前的循环。

知识加油箱

break：意思为"破坏、间断"，在程序中表示终止整个循环。

break 可以直接结束整个循环，但是如何在结束循环之前跳过满足设定条件的值呢？

例如，如果只想输出 1 ~ 100 的奇数，可以在上面程序的基础上添加一个判断条件，使用 continue 跳过能够被 2 整除的数，实现流程如图 6-5 所示。

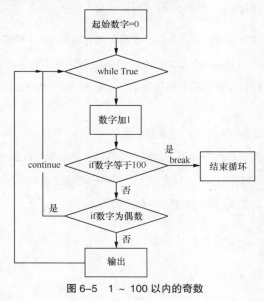

图 6-5　1 ~ 100 以内的奇数

实现代码如下：

```
number =0
while True:
    number = number + 1
    if number ==100:
        break
    if number %2 ==0:
        continue
    print(number)
```

因为偶数除以 2 的余数等于 0，也就是当数字为偶数时，会执行到 continue，后面的代码，也就是 print() 函数不会被执行，又重新回到循环开始的地方继续加 1。和 break 结束整个循环不同，continue 不会结束整个循环，只会根据条件跳过某次循环。

知识加油箱

continue：意思为"继续、持续"，在程序中表示跳过某一次循环。

6.4 另一种循环——for 循环

在 Python 中，除了 while 循环之外，还有一种循环叫作 for 循环。按照上面数数的例子，我们使用 for 循环可以写成如下代码：

```
for i in range(1,101):
    print(i)
```

for 循环中 i 是自己定义的变量名，range() 里面设置循环的范围，第一个值为起始值，第二个值为结束值，循环获取值 i 的范围为起始值≤ i ＜结束值。和 while 循环一样，for 循环需要在后面加上英文输入法下的冒号，标明循环的使用范围。

想一想，议一议

for 循环只用了两行代码就能实现和 while 循环一样的功能，相比 while 更加简单，那为什么还要使用 while 循环呢？

我们来看看上面案例中 while 循环和 for 循环在使用上的不同。

从上面的例子可以看出，while 循环使用之前需要在循环外面定义要循环的变量，而

for 循环可以直接将变量定义在循环中；但是 for 循环在使用时必须明确循环的次数，而 while 循环不仅可以在循环次数确定的情况下使用，还可以在循环次数不确定的情况下使用，只需当循环的过程满足设定条件时使用 break 自动结束循环即可。

6.5 使用 range() 的小窍门

前面在使用 for 循环的例子中，我们用到了一个 range() 函数，它里面填入的是两个数字，表示循环的次数。如果 range 的起始值是 0 的话，可以省略不写，例如 range(0,100)== range(100)。除了这样的简写用法之外，range() 函数还可以设置步长。步长是什么呢？我们先来看一个例子，如图 6-6 所示。

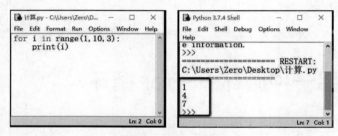

图 6-6 range() 函数

从程序运行的结果可以看到输出的相邻两个数之间正好相差 3，也就是在程序中设置的步长为 3。通过设置步长，可以设置输出值的规律。

观察与思考

小星学完 range() 函数之后，想通过 for 循环的方式直接获取到 0 ~ 50（不含 50）的所有偶数，但是程序运行之后没有结果，如图 6-7 所示。

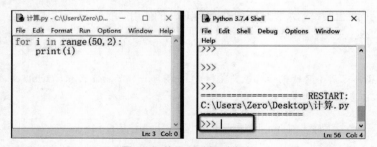

图 6-7 使用 for 循环求偶数

之前虽然说过如果是从 0 开始循环，可以省略 0，但是如果加上步长之后，这个起始值 0 就不能省略，否则程序会认为起始值是 50，结束值是 2，结束值小于起始值，程序将无法识别，所以这里只需要将 range(50,2) 改为 range(0,50,2) 即可。

range：意思为"范围、界限"，在程序中用于确定 for 循环的次数。

6.6 找出那个"T"

之前学过条件判断语句 if 的嵌套使用，同样，循环里面也可以嵌套使用多层循环，也就是说，while 循环和 for 循环可以根据要实现的程序嵌套使用。下面来一起制作一个小程序——找出那个"T"。

程序功能：获取用户输入的内容，判断内容是否含有 T。

实现步骤如下。

（1）获取用户输入的内容。

```
user = input(" 输入英文：")
```

（2）判断内容。

```
for i in user:
    if i == "T":
        break
```

（3）让用户一直输入：while True。

最终的程序如下：

```
while True:
    user = input(" 请输入内容：")
    for i in user:
        if i == "T":
            print(" 输入内容有 T")
            break
```

按 F5 键运行程序，结果如图 6-8 所示。

通过上述程序可以看出，while True 里面又有 for 循环，因为用户的输入可以是无限次的，所以这里使用 while 循环，接着使用 for 循环获取用户输入内容的每一个字符，然后判断字符是不是 T。值得注意的是，for 循环里面用了一个 break 结束循环，但实际运行过程中用户还是可以继续输入。也就是说，break 只结束了当前 for 循环，而没有结束外层的 while 循环。所以当循环嵌套使用时，break 会根据缩进找到自己所属的循环范围来结束当前循环，而对其他层的循环没有影响。

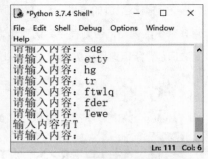

图 6-8　嵌套循环运行结果

知识加油箱

字符串是可迭代的，可以使用循环直接获取字符串中的每一个字符。

6.7　看不见的注释

为了防止时间过长用户忘记执行代码的含义，可以在每句代码后面添加一个注释，也叫解释，例如在上面的例子中添加注释，如图 6-9 所示。

但是如果这样写，程序由于不认识中文，会直接报错。这时候就需要用到我们的"法器"——#，在它之后，并且与它同处一行的内容不会被计算机看到，如图 6-10 所示。

图 6-9　中文注释

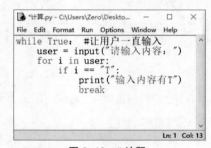

图 6-10　# 注释

可以看到使用 # 之后，后面的中文注释变成了红色，这些红色内容计算机看不到，这样程序就不会报错了。

想一想，议一议

一个 # 可以注释一行，那如何注释多行呢?

注释多行的话，虽然可以在需要注释的每一行前面加上一个 #，但是速度太慢，可以使用三引号进行多行内容的注释，使用方式如图 6-11 所示。

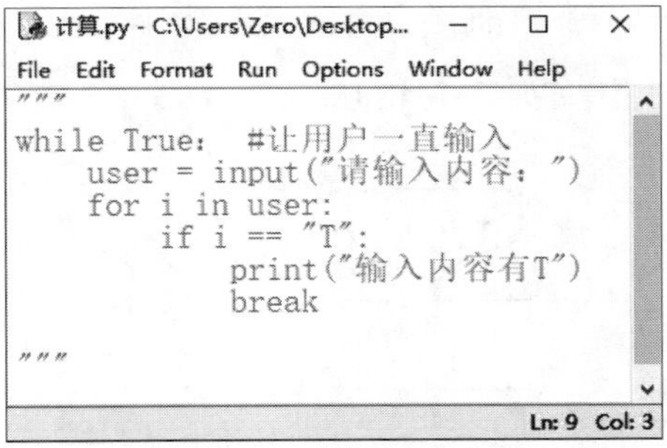

图 6-11 多行注释

使用三引号进行多行注释时，必须以三引号开头，同时要以三引号结尾，这里的三引号可以是单引号，也可以是双引号。

6.8 程序实例：输出九九乘法表

在输出乘法表之前，先来看看要实现的效果，如图 6-12 所示。

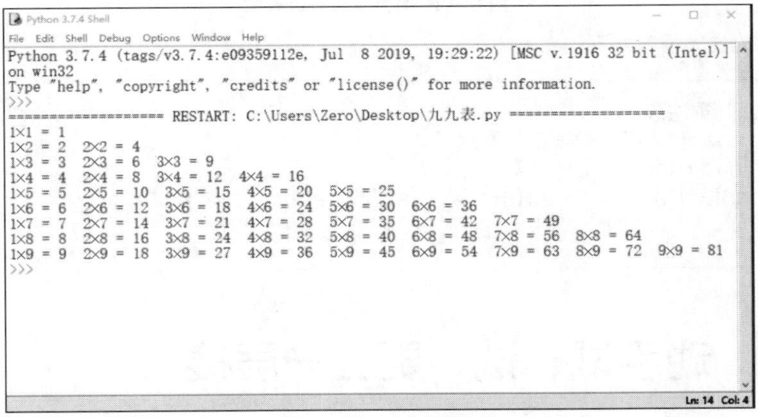

图 6-12 九九乘法表

从图 6-12 可以看出：总共有 9 行数据，第 1 行 1 个式子，第 2 行 2 个，…，第 9 行 9 个式子。每一个式子中有两个乘数，我们把它们分别设置为 i、j，所在的行号设置为 row。

从上面的式子可以得出每一行：$1 \leqslant i \leqslant row$；$j = row$。

也就是说 $1 \leqslant i \leqslant j$。

所以可以先确定第二个乘数 j 的值，然后使用 for 循环获取 1 ~ j 的所有数，当 i==j 时换行，否则为空格，实现流程图如图 6-13 所示。

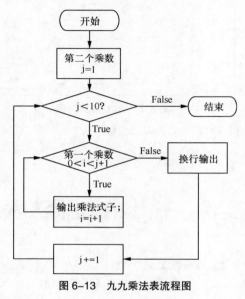

图 6-13　九九乘法表流程图

实现的具体程序如下：

```
# 生成九九乘法表
for j in range(1,10):  # 第二个乘数
    for i in range(1, j+1):  # 第一个乘数
        print(str(i) + " × " + str(j) + "=" + str(i*j), end=" ") # 乘式
    print()
```

6.9　动手试一试，更上一层楼

1. 编写程序，输出 1000 以内的 3、5、7 的公倍数。

【答案】

```
number =0
while number < 1000:
    if number % 3 ==0 and number%5 ==0 and number %7 ==0:
        print(number)
    number +=1
```

2. 找出程序中的错误并改正。

```
while i<100:
 i =+1
 if i % 10 ==0:
      break
print(i)
```

【答案】

第一处错误：使用 i 之前，先要定义 i=0。第二处错误：while 下面的语句没有缩进。

3. 用两种循环方法输出字符串 "python" 中的每一个字符。

【答案】

（1）while 循环：

```
i = 0
s = "python"
while i <len(s):
    print(s[i])
```

（2）for 循环：

```
s = "python"
for i in s:
    print(i)
```

4. 利用程序计算 1+2+3+…+100 的和。

【答案】

```
sum= 0
for i in range(1,101):
      sum +=i
print(sum)
```

5. 利用程序输出 1 ~ 100 以内的素数。

【答案】

```
tag = 1  # 标记
for i in range(1,101):
      for j in range(2,i):
            if i %j ==0:
                  tag = 0
                  break
      if tag:
            print(i)
```

第 7 章

包容的列表

在 Python 中除了有常见的数字类型、字符串类型数据，还有就是这章的重点内容——列表，它也是 Python 中常用的一种数据类型，叫作列表类型。列表具有其他数据类型所不具备的优势，正如本章标题所指，列表具有强大的包容性。下面就来详细看看列表是如何体现它的包容性的。

7.1 列表的创建

首先，列表在形态上与之前学过的数据类型不一样，它是由一个中括号（[]）构成的。例如，这里可以使用下面的方式创建一个空列表（里面什么都不写），并给创建的列表取个变量名 lst：

```
lst = []
```

在这个 [] 中可以同时放入数字类型、字符串类型、None 类型等各种类型的数据，也就是说列表中可以包容 Python 的各种数据类型，每一个数据之间用英文输入法下的逗号隔开。例如，在上面创建的空列表中可以添加各种类型的数据，效果如下：

```
lst = [123,"abc","345",None,"g"]
```

想一想，议一议

> 在没学过列表时，如果在程序中要使用 123、"abc"、"345"、None、"g" 这 5 个数据，应该怎么办呢？

我们需要在程序中创建 5 个变量，如下：

```
a = 123
b = "abc"
c = "345"
d = None
e = "g"
```

然后通过变量名使用对应的数据。相比于列表，要多写 4 行代码，多创建 4 个变量，需要编写的代码更多，程序更加复杂。

7.2 特定的位置——索引

列表作为 Python 中常用的数据类型之一，它里面又可以包含多个其他类型的数据，当程序需要同时处理多个数据的时候，就可以创建一个列表用于存储这些数据，方便程序的编写。

和创建一个变量对应一个数据不同，一个列表中可以有多个数据，那如何使用列表中的某一个数据呢？

其实，列表中的内容是有序排列的，也就是说，虽然列表中可以有多个数据，但是为了方便管理这些数据，列表中的每一个数据都是有编号（索引）的。就和字符串中的索引一样，通过这些索引可以获取对应的数据，而且列表中的索引也是有顺序的，从 0 开始，依次递增，例如上面创建的列表示例 lst，它里面的每一个数据对应的索引如下。

lst = [　　123,　"abc",　"345",　None,　"g"]

对应索引：　0　　　　1　　　　2　　　　3　　　　4

然后我们就可以通过列表变量名 [索引] 的方式获取列表中对应的数据，例如下面使用索引获取并输出列表中的每一个数据：

```
lst = [123,"abc","345",None,"g"]
print(lst[0])  # 输出 123
print(lst[1])  # 输出 abc
print(lst[2])  # 输出 345
print(lst[3])  # 输出 None
print(lst[4])  # 输出 g
```

通过这些索引可以获取到列表中的单个数据，并且索引从 0 开始依次递增，如果同样以上面的列表 lst 为例，编写下面的程序，结果会是怎样呢？

```
lst = [123,"abc","345",None,"g"]
print(lst[5])
```

我们不妨来运行一下这两行代码，运行结果如图 7-1 所示。

```
Traceback (most recent call last):
  File "C:\Users\xieyongxing\Desktop\test.py", line 2, in <module>
    print(lst[5])
IndexError: list index out of range
>>>
```

图 7-1　列表索引

可以看到程序运行之后报错，错误显示说输入的列表索引超出了范围，这是什么意思呢？前面我们说过列表中的每一个元素都有对应的索引，创建的列表 lst 中总共 5 个数据，对应的索引范围是 0 ~ 4，而上面的程序输入的索引是 5，索引 5 大于列表中最大的索引 4，从而导致程序报错。所以在每次使用列表索引获取列表中的数据时，不能超出最大的索引，否则就会报错。

列表的索引是从左往右，从 0 开始依次递增的；也可以为从右往左，最右边的索引为 -1，依次递减。同样以上面的 lst 列表为例，使用从右往左的顺序获取列表中的每一个数据，程序如下：

```
lst = [123,"abc","345",None,"g"]
print(lst[-1]) # 输出 g
print(lst[-2]) # 输出 None
print(lst[-3]) # 输出 345
print(lst[-4]) # 输出 abc
print(lst[-5]) # 输出 123
```

运行程序后，依次输出 g，None，345，abc，123，同样，这里的索引范围为 -1 ~ -5。如果获取的索引小于 -5，和之前程序运行的效果一样，程序会报错。

想一想，议一议

因为之前说过列表中可以放其他类型的数据，也就是说，列表中还可以放列表类型的数据，例如 lstA = [1,"a","bc",None,321,[4,5,6],"bw",["aa","bb","cc"]]，那如何从列表 lstA 中获取并输出数据 aa 呢？

首先还是将列表 lstA 中的每一个数据的索引列出来，如下所示。

lstA = [1, "a", "bc", None, 321, [4,5,6], "bw", ["aa","bb","cc"]]

索引： 0   1   2   3   4   5   6   7

根据列出来的索引，先看最外面一层，所要获取的字符串 aa 在列表 ["aa","bb","cc"] 中，而列表 ["aa","bb","cc"] 在 lstA 中的索引为 7；所以可以使用之前的方式先获取列表 ["aa","bb","cc"]，然后再根据字符串 aa 在列表 ["aa","bb","cc"] 中的索引 0 获取到字符串 aa，对应的程序如下：

```
lstA = [1,"a","bc",None,321,[4,5,6],"bw",["aa","bb","cc"]]
tmp = lstA[7] # 获取到列表 ["aa","bb","cc"]
print(tmp) # 输出列表
a = tmp[0] # 获取到字符串 "aa"
print(a) # 最后输出字符串 "aa"
```

实现的效果如图 7-2 所示。

```
= = =
['aa', 'bb', 'cc']
aa
> > >
```
图 7-2　嵌套列表

这里还可以使用更简单的代码实现，具体如下：

```
lstA = [1,"a","bc",None,321,[4,5,6],"bw",["aa","bb","cc"]]
a = lstA[7][0]
print(a)
```

在列表的后面直接加上索引，这个索引遵循从外到内的顺序，从而可以直接获取嵌套列表中的数据。

我们可以通过数据对应的索引获取列表中的数据，还可以通过索引改变列表中的数据。例如，将列表 lstA 中的 bc 改成 wed，因为字符串 bc 在列表 lstA 中的索引为 2，所以可以直接使用 lstA[2]="wed" 将列表 lstA 中索引为 2 的字符串 bc 变成 wed，对应的代码如下：

```
lstA = [1,"a","bc",None,321,[4,5,6],"bw",["aa","bb","cc"]]
lstA[2] = "wed"
```

使用列表中数据的索引可以获取数据和修改数据，那是否可以通过数据获取对应的索引呢？答案是肯定的。在 Python 中有一个用于通过数据获取对应索引的 index() 函数，它的使用方式如下：

```
列表名 .index( 数据 )
```

在括号中填入具体的数据，例如要获取并输出列表 lstA 中的 bw 对应的索引，具体代码如下：

```
lstA = [1,"a","bc",None,321,[4,5,6],"bw",["aa","bb","cc"]]
idx = lstA.index("bw")
print(" 对应的索引为：  "+str(idx))
```

程序运行之后的结果如图 7-3 所示。

```
= = =
对应的索引为： 6
> > >
```
图 7-3　index() 函数的使用

使用 index() 函数获取到了字符串 bw 在列表 lstA 中的索引为 6，获取的结果是数字类型，与字符串类型的文字进行拼接时，需要使用 str() 函数将数字类型转换为字符串类型。

知识加油箱

列表是一种有序的数据类型，它里面可以同时包含多种类型的数据。列表中的每个数据都有对应的索引，通过索引可以获取或者修改列表中对应的数据。列表的索引从左往右，从 0 开始依次递增，最大的索引 = 列表中的数据个数 –1。

当列表中存在列表类型的数据时，此时的列表叫作嵌套列表，若想获取最里面列表的内容，索引的顺序为从外到内。

index：意思为"索引、指数"，在程序中用于找出数据对应的索引，获取到的索引是一个数字。

7.3 切片

无论是获取列表中的数据，还是需要修改里面的数据，都需要用到列表的索引。列表中的数据是有序排列的，每个数据都有对应的索引（从 0 开始），一个索引对应一个数据。

想一想，议一议

已知 lstA = ["a","ed","bc","bw","bb","ww","t"]，那如何从中快速地获取到列表中的 bc、bw、bb、ww 呢？

相信很多读者想到的第一个方法是通过字符串对应的索引获取，对应代码如下：

```
lstA = ["a","ed","bc","bw","bb","ww","t"]
print(lstA[2])
print(lstA[3])
print(lstA[4])
print(lstA[5])
```

假设这个列表中的数据很长，需要从中获取很多个数据，那这种写法就显得比较麻烦了，在这里教给大家一个简单的方法——切片。

先来分析一下我们要获取的数据在列表中的特点，可以看出这些数据在列表中是连续的。针对这种情况，可以使用切片的方式快速地获取到对应的数据，它的使用方式如下：

```
列表名 [ 起始索引 : 结束索引 +1]
```

例如上面的程序可以改为以下代码：

```
lstA = ["a","ed","bc","bw","bb","ww","t"]
print(lstA[2:6])
```

起始索引为要获取的第一个数据的索引 2，然后根据列表"取前不取后"的规律，要对结束索引进行加 1 处理，运行结果如图 7-4 所示。

['bc', 'bw', 'bb', 'ww']
>>>

图 7-4　切片获取结果

相比于用一个索引获取列表中某一个字符串类型的数据，使用切片获取的数据结果类型还是列表类型。切片除了可以用于获取连续数据，还可以用于获取不连续的数据，例如从 lstA = ["a","ed","bc","bw","bb","ww","t"] 中获取 ed、bw、ww。这些要获取的字符串在列表 lstA 中的位置特征是中间都隔了一个数据，其实在切片中还可以设置切片的步长，这个步长默认为 1，就是连续获取每一个数据，具体如下：

```
列表名 [ 起始索引 : 结束索引 +1: 步长 ]
```

这里要获取的每个字符串之间都间隔了一个数据，所以它的步长设置为 2，对应使用切片方式获取结果的程序如下：

```
lstA = ["a","ed","bc","bw","bb","ww","t"]
print(lstA[1:6:2])
```

同样，这里获取的结果依然为列表类型。

7.4 还可以再多一点

前面在关于字符串的章节中说过，字符串类型的数据一旦创建好就不能改变，要获取改变后的字符串，只能将改变后的字符串放在一个新的变量中。相比于字符串的不可变性，列表类型的数据在创建好之后，还能够往里面添加新的数据，具有可变性。

在列表中可以使用 append() 函数往列表中添加数据，它的使用方式为：

```
列表名 .append( 要添加的数据 )
```

以列表 lst=["a","bc","de"] 为例，向列表中添加字符串 we、None 以及数字 345，为进行对比，将添加数据之前和添加数据之后的列表都输出，具体程序如下：

```
lst = ["a","bc","de"]
print(" 改变前的列表 :",end=" ")
print(lst)
lst.append("we")
lst.append(None)
lst.append(345)
print(" 改变后的列表 :",end=" ")
print(lst)
```

程序运行结果如图 7-5 所示。

```
===
改变前的列表: ['a', 'bc', 'de']
改变后的列表: ['a', 'bc', 'de', 'we', None, 345]
>>>
```

图 7-5　向列表中添加数据

从以上结果可以看出，数据被添加在列表 lst 的后面，也就是说 append() 函数可以往列表中添加数据，而且 append() 函数每次只能往列表中添加一个数据，即上面的程序不能写成下面这样：

```
lst = ["a","bc","de"]
print(" 改变前的列表 :",end=" ")
print(lst)
lst.append("we",None,345)
print(" 改变后的列表 :",end=" ")
print(lst)
```

如果在 append() 函数中同时放多个要添加的数据，程序会报错。

想一想，议一议

　　相信细心的读者会发现，使用 append() 函数虽然可以往列表中添加数据，但是添加的数据只能放在列表的尾部，那如何实现在列表的中间位置或是开头的位置添加数据呢？

读者在语文练习题中经常能看到补全诗句的题目，例如下面这道语文题。

白日依山尽，＿＿＿＿＿＿。欲穷千里目，＿＿＿＿＿＿＿。请在横线上补全缺失的诗句。相信读者都知道答案（黄河入海流，更上一层楼）。

如果将这个题目转化为程序，可先将两句已知的诗句放入列表 lst 中：

```
lst = [" 白日依山尽 "," 欲穷千里目 "]
```

请你将正确的诗句放入列表中，并且要保证添加的诗句位置正确，最后输出完整诗句。

首先像之前说的，可以先使用 append() 函数将"更上一层楼"这句添加到列表的尾部，那如何在"白日依山尽"和"欲穷千里目"之间添加诗句"黄河入海流"呢？其实，在 Python 中还有一个往列表添加数据的 insert() 函数，它比 append() 函数更加高级，可以指定添加的位置，它的使用方式如下：

列表名 .insert(索引 , 要添加的数据)

例如，这里往列表 lst 中添加诗句"黄河入海流"，按照顺序，它在列表中的索引应该为 1，所以可以用下面的程序实现：

```
lst = [" 白日依山尽 "," 欲穷千里目 "]
lst.append(" 更上一层楼 ")
print(lst)
lst.insert(1," 黄河入海流 ")
print(lst)
```

程序运行结果如图 7-6 所示。

['白日依山尽', '欲穷千里目', '更上一层楼']
['白日依山尽', '黄河入海流', '欲穷千里目', '更上一层楼']
> > >

图 7-6　往指定的索引位置添加数据

对比图 7-6 中的两次输出结果，可以看出，使用 insert() 函数实现了在指定的索引位置插入诗句。

知识加油箱

append：意思为"附加、增补"，在程序中用于在列表尾部添加数据，括号中填的是要添加的数据，每次只能往列表中添加一个数据。

insert：意思为"添加、插入"，在程序中用于往列表的指定索引位置添加数据，括号中需要填入索引位置和数据，同样每次只能往列表中添加一个数据。

注意：使用这两个添加函数时，要在前面指定列表名，然后通过列表 .函数名的方式使用。

7.5　将多余的数据删除

除了可以往列表中添加数据之外，还可以将列表中的数据删除。在 Python 中，有一个 pop() 函数可以直接删除列表中的数据，它的使用方式如下：

列表名 .pop(要删除数据的索引)

其实 pop() 函数的功能正好和 append() 函数相反，append() 函数是在列表尾部添加数据，而 pop() 函数当括号中什么都没有写时，默认删除列表中的最后一个数据。下面就以删除列表 lst=["abc",123," 中文 ",None,"ert"] 中的 ert 为例。首先确定字符串 ert 在列表 lst 中的索引为 4，也就是说使用 pop() 函数时，在括号中填入对应的索引 4，编写的具体程序如下：

```
lst=["abc",123," 中文 ",None,"ert"]
lst.pop(4)
print(lst)
lst.pop()
print(lst)
```

程序运行结果如图 7-7 所示。

在上面的程序中，第一次使用 pop() 函数时，在括号中填入了 ert 的列表索引 4，输出删除后的结果；第二次使用 pop() 函数时，括号中什么都没有填并输出，从运行结果可以看出此时 pop() 函数删除的是列表中的 None，也是列表中的最后一个数据。也就是说，如果 pop() 函数括号里号为空，则默认删除列表的最后一个数据，否则删除所填的索引对应的数据。

```
===
['abc', 123, '中文', None]
['abc', 123, '中文']
>>>
```

图 7-7 使用 pop() 函数删除数据

除了 pop() 函数可以删除列表中的数据之外，还有一个名为 remove() 的函数，也是用来删除列表中的数据的，它的使用方式如下：

列表名 .remove(要删除的数据)

remove() 函数与 pop() 函数有所不同，pop() 函数的括号中填的是要删除数据的索引，而 remove() 函数括号中填的是要删除的数据。同样以删除列表 lst=["abc",123," 中文 ",None,"ert"] 中的 ert 为例，对应的程序如下：

```
lst=["abc",123," 中文 ",None,"ert"]
lst.remove("ert")
print(lst)
```

在 remove() 函数的括号中填入要删除的数据 ert，注意 ert 是一个字符串类型，要用引号引起来，最后输出删除 ert 之后的列表。

假设有这样一个列表 lst=["abc","bd",12,33,None,"abc","aa","abc",1,"abc","abc","abc"]，使用 remove() 函数删除其中的字符串 abc，该如何实现呢？

要注意这里的列表 lst 中存在多个 abc，使用 remove() 函数时是删除其中一个，还是都删除呢？下面我们就来试一下，编写的程序如下：

```
lst=["abc","bd",12,33,None,"abc","aa","abc",1,"abc","abc","abc"]
lst.remove("abc")
print(lst)
```

程序运行结果如图 7-8 所示。

```
===
['bd', 12, 33, None, 'abc', 'aa', 'abc', 1, 'abc', 'abc', 'abc']
>>>
```

图 7-8　使用 remove() 函数删除数据

从图 7-8 中可以看到 remove() 函数只删除了第一个 abc，也就是说当列表中存在多个要删除的相同数据时，remove() 函数只删除从左往右第一次出现的数据，那如何实现将列表中所有的 abc 都删除呢？可以多次使用 remove() 函数进行删除，但是这样的话要写多次重复的代码，之前我们说过涉及重复的过程，可以使用循环的方式减少代码。因为已知列表中总共有 6 个 abc，可以使用 for 循环删除列表中的 abc，所以这里可以写成下面的代码：

```
lst=["abc","bd",12,33,None,"abc","aa","abc",1,"abc","abc","abc"]
for i in range(6):
    lst.remove("abc")
    print(lst) # 输出每次删除操作之后的列表
```

使用 for i in range(6) 可以控制程序重复删除的次数，这样就不需要重复写 6 遍的 lst. remove("abc")，大大减少了代码的数量。最后程序运行结果如图 7-9 所示。

```
===
['bd', 12, 33, None, 'abc', 'aa', 'abc', 1, 'abc', 'abc', 'abc']
['bd', 12, 33, None, 'aa', 'abc', 1, 'abc', 'abc', 'abc']
['bd', 12, 33, None, 'aa', 1, 'abc', 'abc', 'abc']
['bd', 12, 33, None, 'aa', 1, 'abc', 'abc']
['bd', 12, 33, None, 'aa', 1, 'abc']
['bd', 12, 33, None, 'aa', 1]
>>>
```

图 7-9　重复删除操作结果

从图 7-9 中可以看出每一次循环删除了一个字符串 abc，总共重复进行了 6 次删除操作，最后实现将列表中所有的 abc 删除。同样，也可以重复使用 pop() 函数删除列表中的 abc，因为 pop() 函数中填入的是字符串 abc 对应的索引，而每一个 abc 的索引又不是相同的，所以使用 pop() 函数时，不能直接使用 for 循环。它的实现步骤分为 4 步：

（1）使用 for 循环将列表中的每一个数据遍历出来；

（2）使用 if 语句判断获取到的数据是否为 abc；

（3）如果是 abc，则获取对应的索引；

（4）使用 pop() 函数删除索引对应的 abc。

步骤（1）对应的代码如下：

```
lst=["abc","bd",12,33,None,"abc","aa","abc",1,"abc","abc","abc"]
for i in lst:
```

这里的 for i in lst 表示的是从列表 lst 中取出每一个数据，i 是一个变量名，用于存储每一次取出来的数据，下一节将详细讲解如何循环获取列表中的数据。

步骤（2）对应的代码如下：

```
if i=="abc":
```

因为 i 代表的是每一次从列表 lst 中取出来的数据，使用 if i=="abc" 判断取出的数据是否为 abc。

步骤（3）对应的代码如下：

```
idx = lst.index(i)
```

这里的 i 表示取出的 abc，使用前面所讲的 index() 函数获取到对应的索引。

步骤（4）对应的代码如下：

```
lst.pop(idx)
```

完整代码如下：

```
lst=["abc","bd",12,33,None,"abc","aa","abc",1,"abc","abc","abc"]
for i in lst:
    if i=="abc":
            idx = lst.index(i)
            lst.pop(idx)
```

在 Python 中除了 pop() 函数和 remove() 函数可以删除列表中的数据之外，还有 del 可以用于删除列表中的数据，它的使用方式如下：

```
del 列表名 [ 索引 ]
```

同样，删除列表 lst=["a","bc","de","123"] 中的数据 de，可以使用下面的程序代码实现：

```
lst=["a","bc","de","123"]
del lst[2]
print(lst)
```

知识加油箱

pop：意思为"爆裂、（突然或匆匆）去"，在程序中用于删除列表中索引对应的数据，括号中填入的是索引，默认删除列表中最后一个数据。

remove：意思为"移开、去掉"，在程序中用于删除列表中指定的数据，括号中填入的是要删除的数据。

del：意思为"删除"，是 delete 的缩写，在程序中用于删除列表中的数据。

无论是使用 pop() 函数或 remove() 函数删除列表中的数据，还是使用 append() 函数或 insert() 函数往列表中添加数据，每次只能删除或添加一个数据。

7.6 循环获取列表中的数据

前面我们讲过使用循环可以获取字符串中的每一个字符，同样，循环也可以用于获取列表中的每一个数据。下面就以列表 lst=["a",22,"bc",56,"er","w","sa"] 为例，使用两种循环方式来获取并输出列表中的每一个数据。

第一种使用 while 循环获取列表中的数据，程序实现流程图如图 7-10 所示。

对应的实现步骤如下：

（1）输入列表 lst；

（2）因为列表中的数据可以通过索

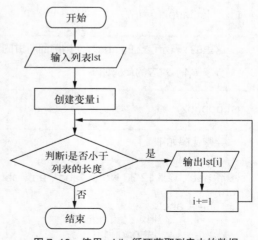

图 7-10　使用 while 循环获取列表中的数据

引获取到，而且第一个数据的索引为 0，所以可以先在循环外面创建一个变量 i，且初始值设为 0，作为列表的第一个索引；

（3）使用循环，将创建的变量 i 重复加 1，直到超出列表的最大索引 6，结束循环。

根据步骤分析，编写的程序如下：

```
lst=["a",22,"bc",56,"er","w","sa"]
i= 0
while i<7:
    print(lst[i])
    i+=1
```

这样就实现了使用 while 循环遍历输出列表 lst 中的每一个数据。同样，使用 for 循环也可以遍历列表索引，并输出列表中的数据，对应的代码如下：

```
lst=["a",22,"bc",56,"er","w","sa"]
for i in range(7):
    print(lst[i])
```

这里要注意的是，for 循环中 i 是一个变量名；in 是一个关键字，表示在 range(7) 里面；for i in range(7) 就表示每次循环从 range(7) 中获取对应的数字 0、1、2、3、4、5、6 放入变量 i 中，作为列表每次循环的索引，所以它不需要和 while 循环一样额外定义一个变量。

for 循环除了可以使用这种重复将索引递增的方式之外，还可以直接使用 for 循环遍历列表中的数据，代码如下：

```
lst=["a",22,"bc",56,"er","w","sa"]
for i in lst:
    print(i)
```

这时候 for 循环中变量 i 指代的不再是索引，关键字 in 后面跟着的是列表名称，此时 i 代表的是列表中的数据，所以在输出的时候，直接使用 print(i) 输出列表中的每一个数据。

想一想，议一议

假设现在往列表 lst 中添加或是删除了数据，那如何修改上面的程序，使得最后还能输出列表中的每一个数据呢？

在上面的 while 循环和 for 循环中都使用到了列表的索引，在循环中填入了列表的长度，以控制循环的次数。当列表中的数据个数由于增加或是删除发生改变时，对应控制循环的次数也要改变。如果增加的数据个数较多，自己数列表中数据的个数会非常麻烦且容易出错，所以为了减少不必要的麻烦，在 Python 中有一个 len() 函数，专门用于计算列表的长度，也就是列表中数据的个数，它的使用方式如下：

```
len( 列表名 )
```

这个函数返回的结果是一个数字，对应的是列表的长度。根据列表最大索引 = 列表长度 –1 的规律，此时就可以确定列表的索引范围在 0 ～ len(lst)–1。使用这个函数可以将上面的 while 循环和 for 循环的代码改成下面的形式：

```
# 使用 while 循环
lst=["a",22,"bc",56,"er","w","sa"]
i= 0
while i<len(lst):
        print(lst[i])
        i+=1

# 使用 for 循环
lst=["a",22,"bc",56,"er","w","sa"]
for i in range(len(lst)):
        print(lst[i])
```

有了这个函数，无论是往列表中添加还是删除数据，都不需要再改变循环的次数，而且也不用自己去数列表中数据的个数。

知识加油箱

len：在程序中用于获取列表或字符串的长度，返回的是一个数字类型的数据。

7.7 程序实例：一辆购物车

在进行网上购物的时候，人们往往会先将自己满意的商品加入购物车里，然后在购物车中进行选择，找出最满意的商品进行下单购买。下面我们就用程序来模拟制作一个简易版的购物车，首先我们来分析一下这个购物车的功能：

（1）可以往购物车里面添加商品；

（2）可以从购物车里面删除商品；

（3）将购物车中所有商品的信息输出；

（4）可以下单结算。

根据分析的功能，可以绘制图 7-11 所示的程序流程图。

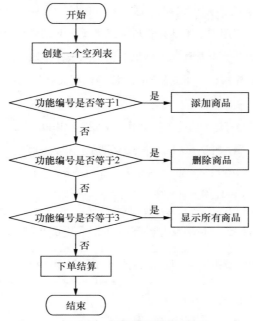

图 7-11　购物车程序流程图

按照上面分析的功能，首先，因为不确定用户要添加的商品有多少个，所以这里可以先创建一个空列表，用于存放用户放入购物车中的商品；其次，因为有 4 个功能选择，可以创建一个功能编号选择输入项，根据用户输入的功能编号，选择不同的功能，具体程序如下：

```
lst=[]  # 空购物车
while True:
    user = input(" 选择功能：1. 添加商品 2. 删除商品 3. 显示所有商品 4. 下单结算 ")
    if user == "1":
        product = input(" 输入要添加的商品：")
        lst.append(product)
    elif user =="2":
        proName= input(" 输入要删除的商品名称：")
        if proName in lst:  # 在删除之前先判断是否在列表中
            lst.remove(proName)
        else:
            print(" 你要删除的商品不在购物车中 ")
    elif user == "3":
        print(" 购物车中的商品信息如下：")
        for i in lst:
            print(i)
    else:
        print(" 下单结算 ")
        break
```

在上面的程序中使用了 while 循环，使得程序能够一直运行，让用户一直往购物车中添加或是删除商品，当用户下单结算的时候使用 break 结束整个循环。使用删除功能的时候，删除之前需要先判断要删除的数据是否在列表中，如果删除本身就不存在于列表中的数据，会导致程序报错，所以在删除之前应使用关键字 in 判断要删除的商品是否在列表中。

下面再来看看下单结算这个功能。假设用户添加到购物车的商品有一本作文书（30 元 /本）、一双耐克（Nike）鞋（500 元 / 双）、一套运动服（800 元 / 套）、一部小米手机（1999元 / 部）、一部苹果手机（8999 元 / 部）、一个记事本（10 元 / 个）、一盒水彩笔（20 元 / 盒）。根据上面的程序描述，运行程序之后的列表中存在的信息如下：

```
lst = [" 作文书 ","Nike 鞋 "," 运动服 "," 小米手机 "," 苹果手机 "," 记事本 "," 水彩笔 "]
```

为了计算用户下单结算所花费的钱，用另外一个列表 price 存储对应的价格：

```
price= [30,500,800,1999,8999,10,20]
```

最后用户选择下单结算的商品有作文书、记事本、水彩笔。如何使用上面建立的商品列表 lst 和对应的价格列表 price 计算出用户所花的钱呢？

因为列表 lst 中的商品名和列表 price 中的价格是一一对应的，也就是说，相同的索引下，商品名和价格是对应的，所以可以根据商品名获取商品在列表 lst 中的索引，然后使用该索引获取价格列表 price 中对应的价格，具体程序如下：

```
lst = [" 作文书 ","Nike 鞋 "," 运动服 "," 小米手机 "," 苹果手机 "," 记事本 "," 水彩笔 "]
# 已选购的商品
price= [30,500,800,1999,8999,10,20] # 对应的价格
idx1 = lst.index(" 作文书 ")
p1 = price[idx1]
idx2 = lst.index(" 记事本 ")
p2 = price[idx2]
idx3 = lst.index(" 水彩笔 ")
p3 = price[idx3]
res = p1 + p2 + p3 # 获取最后所花的钱
print(" 最后用户所花的钱 "+ str(res))
```

商品列表中的商品名和价格是一一对应的关系，使用两个列表分别存储是比较麻烦的，那有没有更好的方法呢？答案是有的，它就是"字典"。字典中存储着一一对应的数据，下一章将详解介绍字典类型。

7.8 动手试一试，更上一层楼

1. 说出下面这个程序的运行结果。

```
lst = [1,2,3,4]
lst.pop(1)
lst.append("abc")
print(lst)
```

【答案】[1,3,4,"abc"]。

2. 说出下面这个程序的运行结果。

```
lst = [1,"abc",2,"de",None,3,["e","wa","qr"],[4],[5,6,7]]
print(lst[2])
print(lst[6][1])
print(lst[7])
print(lst[8][2])
```

【答案】2；wa；[4]；7。

3. 说出下面这个程序的运行结果。

```
lst = ["a","b","c","d","e","f"]
lst.pop(1)
lst.pop(1)
lst.pop()
print(lst)
```

【答案】["a","d","e"]。

4. 补全下面的程序，使得最后程序输出的结果为 ["input","print","break","while","pop", "append"]。

```
lst = ["input","while", "pop"]
_____
_____
_____
```

【答案】lst.insert(1,"print")；lst.insert(2,"break")；lst.append("append")。

5. 下面这个程序的运行结果是什么？

```
lst = [1,2,3,4,5,3]
lst.remove(3)
print(lst)
print(lst[5])
```

【答案】输出 [1,2,4,5,3]，然后程序报错。因为此时列表的长度为 5，最大索引为 4，而 lst[5] 中的索引为 5，大于 4，导致程序报错。

6. 分别使用 while 循环和 for 循环遍历输出列表 lst=["a","b","c","d","e"] 中的每一个字母。

【答案】

```
lst= ["a","b","c","d","e"]
i= 0
while i<len(lst):
        print(lst[i])
        i+=1

# 使用 for 循环
lst= ["a","b","c","d","e"]
for i in range(len(lst)):
        print(lst[i])
```

7. 观察下面的程序，当程序运行起来时，如果输入数字 6，程序的运行结果是什么？

```
a= int(input())
lst = [12,2,3,5,6,2,6,5,6]
lst.remove(6)
idx = lst.index(a)
print(lst)
print(idx)
```

【答案】[12, 2, 3, 5, 2, 6, 5, 6]；5。

8. 如何实现将列表 lst=["a","b","c","d","e"] 变成 lst=["e","d","c","b","a"] 并输出？

【答案】

```
lst=["a","b","c","d","e"]
new = []
for i in range(len(lst)):
    a = lst.pop(i)
    new.append(a)
print(new)
```

9. 用程序判断用户输入的数字是否能够被 7 整除或者能够被 11 整除。如果能被 7 或
11 整除，则输出这个数，否则输出"不是 7 或 11 的倍数"。

【答案】

```
a = int(input(" 请输入要判断的数字："))
if a%7==0 or a%11==0:
    print(a)
else:
    print(" 不是 7 或 11 的倍数 ")
```

10. 使用程序输出列表 lst=["a","c","w","t","e"] 中的索引和值。

【答案】

```
lst= ["a","c","w","t","e"]
for i in lst:
    idx = lst.index(i)
    print(" 索引为：" + str(idx), end=" ")
    print(" 值为：" + i)
```

第 **8** 章

成双成对的字典

在上一章，我们讲解了如何使用列表存储多个数据，以及通过列表中每个数据对应的索引获取对应数据的方法，本章继续介绍一种新的数据类型——字典类型。和我们平时学习中用到的汉语或英语字典不同，Python 中的字典不是为了查询某个生字，而是一种用于存储信息的数据类型。它类似于列表，可以用于存储多种不同类型的数据。下面就来详细介绍字典的使用方法。

8.1 字典的创建

字典的创建通过一个大括号（{}）实现，例如我们可以创建一个名为 dic 的空字典（里面什么都没有），创建方法如下：

```
dic = {}
```

这样我们就创建了一个空字典。下面就来看看如何创建有数据的字典，字典中的数据是成对出现的，数据之间使用英文输入法下的冒号（:）隔开，例如下面这个例子：

```
dic = {key1:value1}
```

在冒号左边的叫作"键"（key），冒号右边的叫作"值"（value），如果在字典中有多对数据，每对数据之间用英文输入法下的逗号（,）隔开，例如：

```
dic = {key1:value1,key2:value2,key3:value3...}
```

在了解了字典的创建规则之后，我们来看一个具体的例子。因为字典中可以添加多种不同的数据类型，下面就来创建一个包括数字类型、字符串类型、None 类型、列表类型的字典，代码如下：

```
dic = {1:345,2:"abc","q": None,5:[1,"dd",3,4,"r"]}
```

在上面这个例子中，字典 dic 中的键有 1、2、"q"、5，值有 345、"abc"、None、[1,"dd",3,4,"r"]。可以发现字典中的键是没有规律的，用户可以将其定义为任何名字，在字典中用户可以根据需要创建多个键值对。

8.2 获取字典中的值

列表中的数据是有序的，可以通过有序的索引获取对应的数据；而字典中的数据是无序排列的，字典中也没有索引的概念。

想一想，议一议

当字典中的数据增多时，如何在多个数据中获取想要的数据呢?

其实字典中的键就相当于列表中的索引，只不过列表中的索引是有序的，而字典中的键是用户自己定义的、无序的，使用键获取字典中的值的方法如下：

```
值 = 字典名 [ 键 ]
```

下面就以获取字典 dic = {1:345,2:"abc","q": None,5:[1,"dd",3,4,"r"]} 中的字母 r 为例讲解获取字典中的值的方法。首先字母 r 在列表 [1,"dd",3,4,"r"] 中，对应的索引为 4，而列表又在字典 dic 中，对应的键为 5，按照字典中使用键获取对应值的方法，先获取对应的列表，然后再通过索引获取字母 r，编写代码如下：

```python
dic = {1:345,2:"abc","q": None,5:[1,"dd",3,4,"r"]}
value = dic[5]
print(" 键为 5 对应的值：" + str(value))
res = value[4]
print(" 在列表中的索引为 4，结果为："+ res)
```

程序运行结果如图 8-1 所示。

```
键为5对应的值：[1, 'dd', 3, 4, 'r']
在列表中的索引为4，结果为：r
>>>
```

图 8-1　获取字典中对应的值

有了字典类型的数据之后，我们再来看一下在上一章中编写的结算购物车的程序：

```python
lst = [" 作文书 ","Nike 鞋 "," 运动服 "," 小米手机 "," 苹果手机 "," 记事本 "," 水彩笔 "]
# 已选购的商品
price= [30,500,800,1999,8999,10,20] # 对应的价格
idx1 = lst.index(" 作文书 ")
p1 = price[idx1]
idx2 = lst.index(" 记事本 ")
p2 = price[idx2]
idx3 = lst.index(" 水彩笔 ")
p3 = price[idx3]
res = p1 + p2 + p3 # 获取最后所花的钱
print(" 最后用户所花的钱 "+ str(res))
```

在这个程序中使用了两个列表来分别存储商品名和对应的价格，计算的时候先要找到

商品列表中商品对应的索引，然后根据索引相同的规律再找出对应的价格，从而计算出所花的钱。这个过程是非常麻烦的，在学习了字典之后，读者完全可以将程序中的两个列表变成一个字典，代码修改之后如下：

```
dic= {"作文书":30,"Nike 鞋":500,"运动服":800,"小米手机":1999,"苹果手机":8999,"
记事本":10,"水彩笔":20]  # 已选购的商品
p1 = dic["作文书"]
p2 = dic["记事本"]
p3 = dic["水彩笔"]
res = p1 + p2 + p3 # 获取最后所花的钱
print("最后用户所花的钱 "+ str(res))
```

通过字典可以直接找到每个商品对应的价格，然后算出所花金额。

想一想，议一议

  在使用键获取字典中对应的值时，如果这个键在字典中不存在，程序运行结果会是怎样的呢？例如在 dic = {1:345,2:"abc","q": None,5:[1,"dd",3,4,"r"]} 中尝试获取键为 9 的数据，代码如下：

```
dic = {1:345,2:"abc","q": None,5:[1,"dd",3,4,"r"]}
print(dic[9])
```

这就和在列表中使用一个不存在的索引获取数据一样，程序会报错。所以在使用键获取字典中对应的值时，先要判断使用的键是否存在于字典中，这里要使用之前学过的一个关键字 in，判断使用的键是不是字典中已有的键。在判断之前需要先获取到字典中所有的键，可以使用字典的 keys() 函数获取，它的使用方式如下：

```
字典名 .keys()
```

keys() 函数可以获取到字典中所有的键，并把这些键统一放入类似于列表类型的 dict_keys() 中，可以使用 list() 函数直接将结果转换为列表类型。判断使用的键是否存在于字典中对应的代码如下：

```
dic = {1:345,2:"abc","q": None,5:[1,"dd",3,4,"r"]}
print(dic.keys())
if 9 in dic.keys():
    print(dic[9])
else:
    print("字典中不存在为 9 的键 ")
```

程序运行结果如图 8-2 所示。

使用 keys() 函数可以获取字典中所有的键，此外，还

```
<class "dict_keys">
字典中不存在为9的键
>>>
```
图 8-2　判断字典中的键

有一个名为 values() 的函数用于获取字典中所有的值，它的使用方式如下：

```
字典名 .values()
```

values() 函数可以获取到字典中所有的值，并把这些值统一放入类似于列表类型的 dict_values() 中，可以使用 list() 函数直接将结果转换为列表类型。

想一想，议一议

以字典 dic={1:"a",2:"c","d":"e","t":1,"y":"i",3:5} 为例，如何快速地获取并输出字典中的每一个键及对应的值呢？

第一种方法，根据字典中使用键获取值的方式，可以使用循环遍历每一个键，用于获取对应的值，对应的代码如下：

```
dic = {1:"a",2:"c","d":"e","t":1,"y":"i",3:5}
for i in dic.keys():
    print(" 键为："+ str(i) + " 值为："+str(dic[i]))
```

第二种方法，使用 values() 函数直接获取字典中的每一个值，代码如下：

```
dic = {1:"a",2:"c","d":"e","t":1,"y":"i",3:5}
keys = list (dic.keys())
values = list (dic.values())
for v in dic.values():
    k = keys[values.index(v)]
    print (" 键为："+str(k)+" 值为："+str(v))
```

第三种方法，使用 items() 函数获取对应的键值对，代码如下：

```
dic = {1:"a",2:"c","d":"e","t":1,"y":"i",3:5}
for k,v in dic.items():
    print(" 键为："+ str(k) + " 值为："+ str(v))
```

知识加油箱

key：意思为"键、钥匙"，在程序中用于获取字典中所有的键。

value：意思为"价值、值"，在程序中用于获取字典中所有的值。

item：意思为"项目、一条"，在程序中用于获取字典中的键值对。

注意：keys()、values()、items() 函数获取到的结果都可以通过 list() 函数转换为列表类型的数据。

 8.3 字典的修改

在字典中不仅可以通过键获取对应的值，还可以通过键来修改字典中的数据。例如往字典 dic= {1:"a","d":"c"} 中添加一个键值对 {"a":123}，可以直接使用字典名 [键]= 值的方式，代码如下：

```
dic= {1:"a","d":"c"}
dic["a"] = "123"
print(" 添加数据后的字典："+str(dic))
```

程序运行结果如图 8-3 所示。

添加数据后的字典：{1: 'a', 'd': 'c', 'a': '123'}
>>>

图 8-3 添加键值对

同样，也可以直接使用键来修改字典中对应的值，例如将 dic= {1:"a","d":"c"} 中 "d" 对应的值改为 3，编写的代码如下：

```
dic= {1:"a","d":"c"}
dic["d"] = 3
print(dic)
```

使用字典中的键时，除了可以对字典进行修改、添加数据之外，还可以使用 del 删除字典中的数据，它的使用方式如下：

```
del 字典名 [ 键 ]
```

例如删除 dic= {1:"a","d":"c"} 中的键值对 {"d":"c"}，代码如下：

```
dic= {1:"a","d":"c"}
del dic["d"]
print(dic)
```

在 Python 中除了数字、字符串、None、列表、字典类型之外，还有一些不是很常用的类型，例如集合（set），它里面不能包含重复的数据，一般用于去除重复的数据。还有一种叫作元组的数据类型，但平时使用较少，故在本书中不进行详细介绍。

Python 的诸多数据类型可以分为可变和不可变两种，可变的类型有列表、字典，这些数据在定义好了之后，还可以在原基础上添加、修改、删除；不可变的类型有字符串、数字，它们一旦被定义好就不能在原基础上修改，如果强行修改，只会将原有的内容去除掉。

知识加油箱

del：意思为"删除"，是 delete 的缩写，在程序中用于去除字典中的键值对。

8.4 程序实例：背单词神器

目前有很多背英语单词的软件，一般的功能是给出一个英语单词的中文释义，让你说出对应的英文；或者给出英文，让你说出对应的中文意思。下面我们就自己用代码来实现这样一个背单词的软件，在开始之前我们先来分析一下设计方案：

（1）创建一个单词库；

（2）能够一直随机输出单词；

（3）用户输入对应的答案；

（4）判断用户输入的答案是否正确；

（5）如果单词全部答对，结束程序。

根据以上的分析，可以绘制图 8-4 所示的程序流程图。

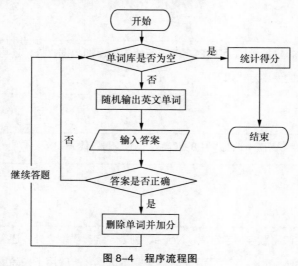

图 8-4　程序流程图

根据功能分析，第一步先创建一个单词库，因为英文单词和中文的意思是一一对应的，所以使用字典创建单词库。这里只用几个单词举例，代码如下：

```
dic = {"input":" 输入 ", "print":" 输出 ", "key":" 键 ", "value":" 值 ", "delete":" 删除 "}
```

第二步，让创建好的单词库中的英文单词随机出现，因为英文单词刚好是创建好的字典中的键，所以先获取到字典中所有的键，并使用 list() 函数将结果转换为列表类型以方便处理；然后使用 random 模块根据列表长度确定随机的范围，并使用 while 循环实现一直出现英文单词的功能。代码如下：

```
import random
while True:
    keys = list(dic.keys())
    idx = random.randint(0,len(keys)-1)
    english = keys[idx]
```

第三步，获取用户输入的答案，代码如下：

```
user = input(" 请问单词 "+ english+ " 的中文意思是：")
```

第四步，对用户输入的答案进行判断，如果答对了，将对应的单词从字典中删除，并进行加分，否则继续答题。实现代码如下：

```
score = 0
if user == dic[english]:
    print(" 答对了 ")
    score +=1
    del dic[english]
```

第五步，在用户进行答题之前，判断题库中是否还有未答对的单词，如果没有则停止答题，统计出得分，结束程序。代码如下：

```
if dic:
    ......
else:
    print(" 最后得分 "+ str(score))
    break
```

这里可以使用 if dic，if 后面的条件只要是非空非零就表示条件满足，当所有的单词都答对时，dic 应该是空的。

上述程序的完整代码如下：

```
import random
dic = {"input":" 输入 ", "print":" 输出 ", "key":" 键 ", "value":" 值 ", "delete":" 删除 "}
score = 0
while True:
    if dic:
        keys = list(dic.keys())
        idx = random.randint(0,len(keys)−1)
        english = keys[idx]
        user = input(" 请问单词 "+ english+ " 的中文意思是：")
        if user == dic[english]:
            score +=1
            del dic[english]
    else:
        print(" 最后得分 "+ str(score))
        break
```

8.5 动手试一试，更上一层楼

1. 说出下面这个程序的运行结果。

```
d = {1:2,3:4,4:5}
print(d[4])
```

【答案】5。

2. 说出下面这个程序的运行结果。

```
dic = {1:"abc",2:"de", 3:["e","wa","qr"]}
print(dic[2])
print(dic[3][1])
```

【答案】de；wa。

3. 说出下面这个程序的运行结果。

```
dic = {1:"abc",2:"de", 3:["e","wa","qr"]}
dic[1] = 123
dic["w"] = "abc"
del dic[3]
print(dic)
```

【答案】{1:123,2:"de","w":"abc"}。

4. 补全下面的程序，使程序运行后依次输出字典 dic 中的所有键。

```
dic= {"input":" 输入 ","while":" 循环 ", "pop":" 删除 ","break":" 结束 ","key":" 键 "}
_____
_____
```

【答案】 for i in dic.keys(); print(i)。

5. 补全下面的程序，使程序运行后依次输出字典 dic 中的所有值。

```
dic= {"input":" 输入 ","while":" 循环 ", "pop":" 删除 ","break":" 结束 ","key":" 键 "}
_____
_____
```

【答案】 for i in dic.values(); print(i)。

6. 下面这个程序的运行结果是什么？

```
dic= {"1":2,"2":3,"3":4}
if dic:
     print(sum(dic.values()))
else:
     print(" 程序报错 ")
```

【答案】9。

7. 判断下面这个程序的运行结果。

```
dic= {"1":2,"2":3,"3":4}
print(dic[2])
print(dic[8])
```

【答案】报错，因为找不到对应的键。

8. 使用循环遍历出字典 dic={1:"a",2:"b",3:"c",4:"d","5":"e",6:"f"} 中所有的键和值。

【答案】

```
dic={1:"a",2:"b",3:"c",4:"d","5":"e",6:"f"}
for k , v in dic.items():
     print(" 键为：" + str(k) +", 值为："+ str(v))
```

9. 将字典 dic = {"k1":"v1","a":"c","w":"t"} 变成 {"k1":"v1","k2":"v2","k3":"v3" , "a":"b"}。

【答案】

```
dic={'k1':"v1",'a':"c","w":"t"}
dic["k2"] = "v2"
dic["k3"] = "v3"
dic["a"]="6"
del dic["w"]
```

第 **9** 章

让人省心的函数

到目前为止，我们已经在多个地方讲解并使用了很多的函数，例如用于输出内容的 print() 函数，获取用户输入内容的 input() 函数，字符串类型与数字类型转换的 int()、str() 函数……这些函数都是 Python 自带的，我们通过使用这些函数，能够简单快速地实现自己想要的程序功能。但是 Python 自带的函数终归有限，而随着我们学习的深入，很多想要的功能并不能通过已有的函数来实现，这时候就需要我们自己来编写功能函数，做出功能高效、简单快捷的程序。本章将详细讲解函数的意义、创建、使用等知识点。

搭积木——函数

说到函数，函数到底是什么呢？我们编写程序的过程就好比搭积木，而函数可以看作所需要的积木块，每一个积木块都是独立存在的，而且不同的积木块又能组合成新的积木块。函数在程序中也是独立存在的，都有特定的功能，当有需要的时候，只要将相应的函数放到程序中即可使用对应的功能。不同功能的函数也可以相互组合形成一个新的函数，以实现我们想要的功能。而在前面我们学习的函数是 Python 自带的，就像买的积木玩具一样，积木块数量是有限的，如果想要搭出更多的样式，除了购买更多的积木块，没有其他的办法。相比于搭积木只能使用已有的积木块，在程序中我们却可以根据功能选择使用已有的函数或者不使用已有的函数而自己创建出一个属于自己的新函数。

说到底，函数是程序的重要组成部分，它是具有特定功能的代码序列。函数的好处是可以减少编写的代码数量，让代码看起来更加简单明了，同时让程序变得更加容易维护。函数为什么能够减少编写代码的数量呢？就好比编写一个做菜机器人的程序一样，每一道菜对应的是一个程序，如果现在需要这个机器人炒 10 道不同的菜，对应的就是 10 个不同的程序。因为在炒菜的过程中，不管做什么菜都要放油、放盐、翻炒等，按照之前的方法，炒每一道菜的程序中都要写入放油、放盐、翻炒等的功能代码，10 道菜就要写10 遍，那如果是 100 道、1000 道，需要编写的代码就得重复写多次，这样的过程是非常麻烦的。这时候函数就有用了，我们可以将相同的放油、放盐、翻炒等部分提取出来做成一个函数，而每一个做菜的程序只需要调用这个函数即可，大大减少了编写的代码量。

一个程序可能有一个或多个功能，而每一个人要实现的功能都不相同，Python 自带的函数已经远远不能满足用户的需要。下一节就来详细介绍如何创建一个功能函数。

编写自己的函数

函数是一个具有特定功能的代码序列，也就是说，一个函数中包含多行代码。在之前我们使用的函数都是 Python 自带的，所以能够直接使用，而如果我们想要使用一个不是

Python 自带的函数，就需要先编写这个函数，然后才能使用。下面就来看看如何自己编写函数，它的结构如下：

```
def 函数名 ():
    函数体
```

def 是英文单词 define 的缩写，表示自己定义的一个函数；函数名是给编写的函数取的名字，它的命名规则和之前定义变量名一样，不能取 Python 中已有的函数名称或者是关键字的名字，也不能以数字开头，最好取的名字和你想要编写的功能能够对应上，一定要注意函数名后面要跟英文输入法下的括号和冒号；函数体是实现函数功能的具体代码，一定要进行缩进处理。下面以一个计算加法的具体程序为例，代码如下：

```
# 计算加法的程序
num1 = 2
num2 = 3
result = num1 + num2
print(" 两数相加之和为："+ str(result))
```

按照之前讲解的方法，可以将上面的代码改成函数的程序，代码如下：

```
# 函数版本的计算加法程序
# 定义加法函数 add()
def add():
    result = num1 + num2
    print(" 两数相加之和为："+ str(result))
num1 = 2
num2 = 3
add()
```

程序运行结果如图 9-1 所示。

在上述使用函数的程序中，定义了一个名为 add 的加法函数，函数体是将要计算的两个数字进行加法运算。编写好函数之后，在函数外面使用 add() 调用编写好的加法函数。这里一定要注意的是，函数必须在使用前编写好，因为程序的执行顺序是从上往下

两数相加之和为：5
>>>

图 9-1 函数版加法程序运行结果

的，当程序执行到定义函数的代码时，会先跳过，接着往下执行，直到使用函数时才会到上面去找有没有对应的函数。所以要在程序中调用函数，必须先编写好函数。如果在程序中没有调用函数，程序是不会执行函数的。

想一想，议一议

对比上面两个程序，使用函数的程序总共有 6 行代码，而没有使用函数的程序只有 4 行代码。之前说过使用函数能够让代码变得更加简单明了，减少编写的代码量，但是这里代码并没有减少，难道使用函数编程让程序变得更复杂了吗？

当然不是的，在原来程序的基础上，假设增加两个数字，计算两两数字相加之和，对应的程序如下：

```
# 计算加法的程序
num1 = 2
num2 = 3
num3 = 4
num4 = 5
result1 = num1 + num2
print(" 两数相加之和为： "+ str(result1))
result2 = num2 + num3
print(" 两数相加之和为： "+ str(result2))
result3 = num1 + num3
print(" 两数相加之和为： "+ str(result3))
result4 = num1 + num4
print(" 两数相加之和为： "+ str(result4))
result5 = num2 + num4
print(" 两数相加之和为： "+ str(result3))
result6 = num3 + num4
print(" 两数相加之和为： "+ str(result6))
```

可以看到增加两个数字后进行运算时，代码的行数一下增至 16 行，再来看看用函数编写的程序：

```
# 函数版本的计算加法程序
# 定义加法函数 add()
def add(a,b):
    result = a +b
    print(" 两数相加之和为： "+ str(result))
num1 = 2
num2 = 3
num3 = 4
num4 = 5
add(num1, num2)
add(num2,num3)
add(num1,num3)
add(num1, num4)
add(num2,num4)
add(num3,num4)
```

此时运用函数编写的程序只有 13 行，而且写的代码明显比上面不用函数的程序要简单。程序运行结果如图 9-2 所示。

程序的运行结果是一样的。可以想象如果不使用函数，当计算的数字越来越多时，需要编写的代码会越来越多，而使用函数的程序越能体现出它的绝对优势。

一个程序可以由多个函数构成，函数与函数之间可以相互调用，例如下面这个程序：

两数相加之和为：5
两数相加之和为：7
两数相加之和为：6
两数相加之和为：7
两数相加之和为：8
两数相加之和为：9
>>>

图 9-2   计算数字两两相加之和

```python
def getName():
    print(" 名字： " + name)
def getAge():
    print(" 年龄： " + str(age))
def getSex():
    print(" 性别： " + sex)
def getInfo():
    getName()
    getAge()
    getSex()
name = " 张三 "
age = 12
sex = " 男 "
getInfo()
```

上面的程序中定义了 4 个函数，在最后面的函数 getInfo() 中又调用了前面定义好的 getName()、getAge()、getSex() 函数，最后程序运行的结果如图 9-3 所示。

在第二次编写 add() 函数时，括号中比第一次编写的 add() 函数多了两个字母 a 和 b，这两个字母在函数中称为参数，在函数中用于替代程序中参与计算的实际数字。下面将详细介绍函数中参数的使用方式。

名字：张三
年龄：12
性别：男
>>>

图 9-3   函数调用

知识加油箱

define：意思为 "定义、界定"，简写之后变成 def，在程序中用于创建自定义函数。

在创建函数的时候，需要注意函数名不能和 Python 中原有的函数重名，也不能以数字开头，函数名最好是函数功能的英文名称。

9.3 可有可无的参数

我们之前讲过的函数大部分都是有参数的，例如 print() 函数括号中填入的内容就是 print() 函数的参数，str() 函数括号中填入的要转换的内容就是 str() 函数的参数，还有 input()、int()、min()、max()……这些函数都是有参数的函数。函数根据是否有参数可以划分为有参函数和无参函数。例如上面编写的两个 add() 函数，第一个就是无参函数，因为在编写函数的时候，函数名后的括号中没有任何东西；而第二个为有参函数，函数名后的括号中填入了字母 a 和 b，这里的 a 和 b 就是参数。参数名和变量名一样，除了 Python 已有关键字、函数名、数字开头外的名字都可以当作参数名和变量名。根据编写的函数中参数的情况，调用函数的时候，括号中要填入对应数量的参数，例如下面两个例子：

```
# 无参函数
def test1():
    print("say Hello")
# 有参函数
def test2(name):
    print(name + "say Hello")
# 函数调用
test1()
test2(" 张三 ")
```

第一个函数是无参函数 test1()，在调用函数的时候，直接使用 test1()；而第二个函数为有参函数 test2()，括号中有一个参数 name，在调用的时候，函数名后的括号中要填入具体的内容，在执行程序的时候，会将填入的具体内容（张三）传给函数中定义的参数 name，最后程序运行结果如图 9-4 所示。

```
say Hello
张三say Hello
>>>
```

图 9-4 有参函数和无参函数

参数根据所在位置的不同又分为形式参数（简称形参）和实际参数（简称实参）。形参指的是在编写函数时，在括号中添加的参数名称；而实参指的是在程序调用函数时，传入的具体内容。例如上面编写的 test2() 函数中的 name 指的就是形参，没有具体的实际含义；而在调用 test2() 函数时，传入的张三是实参，它有具体的意义。形参和实参在程序中是一一对应的，也就是说，编写函数时有几个形参，那在调用函数的时候，填入括号中的实参的数量要和形参数量一样，否则程序可能会报错。因为程序在运行的时候，当执行到调用的函数时，程序不但会到上方找名称一样的函数，还会根据参数的数量去匹配。如果一个程序中出现了同名的函数，但是函数之间的参数不同，程序会将其看作不同的函数。

观察下面的程序，说出程序的运行结果。

```
def test1(a,b):
    print(a+b)
def test2(a,b=2):
    print(a+b)
test1(1)
```

首先对程序进行分析。按照程序执行顺序，调用 test1() 函数时传入了一个实参 1，而在编写的 test1() 函数中有两个形参，与实参数量没有对上，程序直接报错。那如果将上面的程序改成下面这样：

```
def test1(a,b):
    print(a+b)
def test2(a,b=2):
    print(a+b)
test2(1)
test2(1,5)
```

换成调用 test2() 函数，程序运行结果又会是怎样的呢？我们可以运行一下程序，程序运行结果如图 9-5 所示。

程序运行之后并没有报错。对比 test1() 和 test2() 函数，两者的区别就在于 test2() 函数中对形参 b 设置了一个具体数字 2。这个数字叫作默认参数，它的用途是在调用函数时，如果没有传入对应的实参，

3
6
>>>

图 9-5　默认参数

就使用默认的参数。就像上面第一次调用 test2() 函数时，传入的实参只有一个数字 1，而编写的 test2() 函数中有两个形参，本来数量是不相同的，程序要报错，但是加入了默认参数之后，另一个参数会自动使用默认参数，所以得到的结果为数字 1 加 2 的和；而如果传入两个参数，就像第二次调用 test2() 函数时，传入了两个实参 1 和 5，此时的数字 5 就会将默认参数 2 给替代，所以最后结果为 1 加 5 的和。

其实在我们之前讲解的函数中就有使用默认参数的。例如 print() 函数中的 end 参数，默认为换行 (\n)，在调用的时候用户可以通过自己设置参数 end 的值来改变 print() 函数输出换行的默认设置；还有列表中的 pop() 函数，如果括号里什么都不填，则默认删除列表中

的最后一个数据，当我们传入其他的数字索引时，就可以改变默认的设置。

在函数中，参数的个数是没有限制的，可以是 0 个，也可以是多个。但是当参数数量变多时，可能会出现混乱的情况，例如下面这个程序示例：

```
def test(name, age,sex, address,phone,qq):
      print(" 姓 名 :"+name +"  年 龄: "+ str(age)+ "  性 别: " +sex +"  地 址: 
"+address+ " 电话: "+
     phone + " qq:" +qq)
test(" 张三 "," 男 ", "12", "14920××××××","18246××××××"," 杭州 ")
```

程序运行结果如图 9-6 所示。

```
姓名:张三 年龄:男 性别:12 地址:14920XXXXXX 电话:18246XXXXXX qq:杭州
>>>
```

图 9-6 多参函数

根据运行结果来看，参数的数量变多，而实参和形参的位置是从左往右一一对应的，调用函数时，实参的位置填错之后，将导致程序运行输出的结果和原来的信息不对称。为了避免这种情况发生，可以在程序调用函数时，直接将形参名和实参绑定，对应修改后的程序如下：

```
def test(name, age,sex, address,phone,qq):
      print(" 姓 名 :"+name +"  年 龄: "+ str(age)+ "  性 别: " +sex +"  地 址: 
"+address+ " 电话: "+
     phone + " qq:" +qq)
test(sex=" 男 ",name=" 张  三 ",qq="14920××××××",age="12",phone
="18246××××××",address=" 杭州 ")
```

程序运行结果如图 9-7 所示。

```
姓名:张三 年龄: 12 性别: 男 地址: 杭州 电话: 18246XXXXXX  qq:14920XXXXXX
>>>
```

图 9-7 实参与形参

从图 9-7 可以看出，在调用函数时，将形参名与实参绑定之后，参数的位置不会再影响参数的传递。函数中填写的这种参数也叫关键字参数。使用这种方式之后，无论参数的数量、位置如何，都可以正确传递。

9.4 变量的地盘

变量作为程序中的重要组成部分之一，在不同的位置有着不同的作用域（变量能够使用的范围）。根据变量的作用域，变量可以被分为局部变量和全局变量。从名字上来看，局部变量只能在程序的某一个范围内使用，例如在函数中定义的变量叫作局部变量，只能在函数内部使用；而全局变量则是在函数外部定义的，可以在整个程序的任何位置使用。下面来看一个具体的例子：

```python
def test():
    name = "张三"
    print("姓名：" + name + " 性别：" + sex)
sex = "男"
test()
print(name)
```

程序运行结果如图 9-8 所示。

```
姓名：张三   性别：男
Traceback (most recent call last):
  File "/Users/xieyongxing/Desktop/1.py", line 10, in <module>
    print(name)
NameError: name 'name' is not defined
>>>
```

图 9-8　全局变量和局部变量

程序在输出一行信息之后报错。下面来分析一下这个程序的运行过程，首先在这个程序中定义了一个名为 test 的函数，在函数内部定义了一个局部变量 name，并给它设置了一个具体的值张三；然后在函数中调用了函数外面定义的一个全局变量 sex，程序运行到这里是没有问题的。错误在于程序的最后一行，在函数外面使用了局部变量 name，因为 name 只能在函数内部使用，上面的程序运行后显示的错误信息的意思是，使用的变量 name 在程序中找不到。

想一想，议一议

变量根据其作用范围可以分为局部变量和全局变量，那如果全局变量和局部变量的名字一样，例如下面的程序，运行结果是什么呢？

```python
def test():
    name = "张三"
    print("姓名：" + name + " 性别：" + sex)
name = "李四"
sex = "男"
test()
print(name)
```

可能读者给出的答案有很多种，在函数里用的 name 到底是张三还是李四呢？我们直接来运行一下程序，结果如图9-9所示。

姓名：张三　性别：男
李四
>>>

图9-9　同名的全局变量和局部变量

在上面这个程序中定义了一个 test() 函数，函数里面和函数外面都定义了一个 name 变量。虽然两者的名字相同，但是根据之前所讲的知识，两者的作用域是不相同的，变量的优先级也是不同的。在程序的运行过程中，函数使用某个变量时，首先会在函数内部寻找，如果函数内部没有，则去函数外部寻找；如果函数外部还没有，程序就会报错。上面的程序在函数使用 name 时，因为函数内部已经定义了变量 name，所以在执行函数的时候，使用的是 name=" 张三 "；而在函数外面，它不能使用函数内定义的变量，所以使用的是函数外定义的 name=" 李四 "，最后输出"李四"。

在函数内部使用全局变量，对全局变量进行修改时，变化的值只会在函数内部生效，而在函数外依旧是之前的全局变量值，例如下面这个程序：

```python
def test():
    s = 0
    for i in range(10):
        s +=i
    a =s
    print(a)
a = 0
test()
print(a)
```

在这个程序中定义了一个求和的函数 test()，根据函数里面的代码，执行函数后，变量 s 的值会变成 1 ~ 9 所有数字相加之后的和。然后将相加之后的和传给变量 a，此时 a 等于数字 1 ~ 9 相加的和。但是此时的变量 a 会被程序当成一个新的局部变量，和函数外面定义的全局变量 a 没有任何关系，所以全局变量 a 的值依旧为 0，没有发生任何改变，因此程序运行结果如图 9-10 所示。

45
0
>>>

图9-10　全局变量和局部变量

9.5　全局标志 global

前面说过在函数中可以调用全局变量，但是不能修改全局变量的值，不过这不是绝对的。

如果一定要在函数中修改全局变量，可以使用 Python 中的关键字 global。它的作用就是在函数使用全局变量的时候，强制性地告诉程序这就是在函数外面定义的全局变量，而不是一个新的局部变量。下面就以一个具体的例子来进行说明：

```
def test():
    global s
    for i in range(11):
        s +=i
    print(s)
s = 0
test()
print(s)
```

在 test() 函数中使用了关键字 global 标明变量 s 是函数外定义的全局变量，然后通过 for 循环实现 1+2+3+…+10 的加法运算，最后执行函数时获取的结果 s 是 55。在函数外面的全局变量 s 与之前的没使用 global 关键字的 a 不一样，在 test() 函数中值已经被改变了，所以输出的 s 已经不再是初始值 0，而是执行函数之后发生变化的值 55。运行程序，对应的结果如图 9–11 所示。

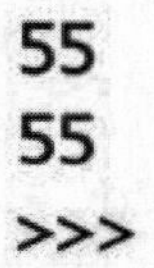

55
55
>>>

图 9–11　使用 global 关键字

原本在函数中使用与全局变量同名的局部变量时，局部变量发生变化，全局变量不会发生任何改变，两者是完全不同的东西，但使用 global 之后可以强制性地让程序将全局变量在函数内部使用并能够改变全局变量的值。值得注意的是，使用关键字 global 时，后面只能跟变量名，而不能给它初始值，例如下面的错误范例：

```
global s = 0
```

使用 global 时为什么不能直接在变量名的后面加上一个初始值呢？这是因为 global 本身用于在函数内部标记使用全局变量，而且全局变量在函数外已经有了初始值，所以不能在使用 global 之后对变量给定初始值。

知识加油箱

global：意思为"全面的、整体的"，在函数中用于标明使用的变量为全局变量，使用之后，可以在函数中调用、修改程序中的全局变量。

9.6 返回结果——return

函数都有自己的功能，也就是说调用函数之后都会有一个结果。例如之前学过的 print() 函数能够在程序窗口输出信息，input() 函数能够获取到用户输入的信息，max()、min() 函数能够获取最大值和最小值……除了 print() 函数能够直接将内容显示出来之外，其他的函数在使用之后，并不能直接看到执行的结果，而是往往在调用函数之后，将调用函数得到的结果用一个变量存储，最后使用 print() 函数将执行结果显示出来。这样做的好处是可以减少信息的输出，让程序运行窗口更加简洁，避免给用户造成不必要的干扰。要实现这种效果，需要使用 Python 中的关键字 return，它的中文意思是"返回"，在程序中用于返回调用函数之后得到的结果，具体使用方法如下：

```python
def test():
    s = 0
    for i in range(11):
        s +=i
    return s
test()
```

上面的程序定义了一个 test() 函数，它的功能是计算出 1+2+3+…+10 的和，然后使用关键字 return 返回加法运算之后的结果 s。在函数外面调用 test() 函数，程序运行之后，并不会显示结果 55。这是因为在函数中只是返回了计算的结果 s，如果要显示这个结果，需用一个变量接收调用 test() 函数之后的返回值，修改如下：

```python
def test():
    s = 0
    for i in range(11):
        s +=i
    return s
result = test()
print(result)
```

return 后面跟着的是调用函数之后返回的结果，默认不会在程序运行窗口显示。在函数外部调用函数时，获取到的是函数中 return 后面跟着的返回值。

return 在函数中可以返回一个或多个值，表示调用函数后的多个结果，例如下面这个程序：

```
def swap(a,b):
    tmp = a
    a = b
    b = tmp
    return a,b
a,b = 3,6
m,n = swap(a,b)
print(m)
print(n)
```

通过在 swap() 函数中设置一个中间变量 tmp，程序实现了一个值交换的功能，在函数外部先定义了两个全局变量 a、b，并设置了对应的初始值 3、6；然后在调用 swap() 函数之后，因为 return 返回了交换后的两个值 a、b，所以使用变量 m、n 来接收返回的两个值，最后程序运行结果如图 9-12 所示。

6
3
>>>

图 9-12　返回多个值

想一想，议一议

在上面的程序中，swap() 函数使用 return 返回了两个结果，在函数外使用两个变量 m、n 接收对应的返回值，那如果在函数外只有一个变量接收返回的值（修改后的程序如下），程序运行结果是怎样的呢？

```
def swap(a,b):
    tmp = a
    a = b
    b = tmp
    return a,b
a,b = 3,6
result = swap(a,b)
print(result)
```

相比于用两个变量接收函数调用的结果，这里只使用了一个变量 result 来接收。它会使用一个元组的数据类型对结果进行存储，程序运行结果如图 9-13 所示。

(6，3)
>>>

图 9-13　返回元组类型的结果

返回的结果作为一个整体放在一个元组中。元组是 Python 中的一种数据类型，它的特点类似于列表类型。元组中可以存在多个数据，每个数据之间用逗号隔开。元组中的数据有和列表一样的对应索引，并且也是从 0 开始，所以可以使用 result[0] 和 result[1] 分别获取对应的数据。元组类型和列表类型的不同点在于元组使用括号包括多个数据，而列表使用中括号（[]）包括数据元素；此外列表中的数据可以添加、修改、删除，而元组一旦定义好了之后就不能进行任何修改。

return：意思为"返回、归还"，只能在函数中使用，用于返回调用函数后的结果。

9.7 只有一行的函数

在 Python 中存在一种特殊的函数，这种函数只由一行代码构成，往往用于实现比较简单的功能，在 Python 中叫作匿名函数。它的定义方式和之前使用关键字 def 定义不同，它由关键字 lambda 开头，后面跟一个或多个形参，参数之间用逗号隔开。这里以创建一个加法运算函数为例，使用 def 定义函数，代码如下：

```
def add(a,b):
    result = a +b
    return result
a,b = 3,6
result = add(a,b)
print(result)
```

而使用匿名函数的代码如下：

```
f = lambda a,b: a+b
result = f(3,6)
print(result)
```

两个程序实现的效果是一样的，使用匿名函数较使用关键字def定义的函数要更加简洁。在匿名函数中的 a、b 就是函数中的形参，冒号后面的 a+b 是定义的函数体，使用变量 f 存储定义好的函数，此时的变量为定义的函数名 f，通过 f(3,6) 传入实参数字 3 和 6，实现加法运算的结果。

通过对比上面编写的代码，可以发现匿名函数要更加简洁，但是匿名函数只能实现比较简单的功能，所以我们可以根据要实现的功能选择使用匿名函数还是使用def定义的函数。

9.8 关于函数的几点建议

函数是相互独立的，程序中可以有一个或多个函数。当程序中出现了大量重复代码时，可以考虑将其写成一个函数，然后通过函数调用，让程序变得更加简洁，从而提升编写程序的速度。

因为一个程序中可能包含多个函数，所以为了在后期的检查、修改过程中能够快速地找到对应的函数，建议在给函数起名时根据函数要实现的功能给函数取一个对应的英文名。当然了，编写的函数加上一个中文的注释是一个非常好的习惯。有时候一个函数的功能无法用一个英文单词概括，可以使用多个单词组合。函数的名字也不要太长，例如我们要编写一个中文翻译成英文的函数，可以使用函数名 chineseToEnglish()。这个函数名由单词 chinese（中文）、To、English（英文）组成，而且这里除了第一个单词首字母没有大写，其他单词的首字母均大写了，这种命名规则叫作"驼峰命名法"，因为类似于骆驼的驼峰一样，单词的首字母大写。

函数的名字不能和 Python 自带的函数名相同，否则 Python 中自带的函数功能就会被用户编写的函数给取代，例如下面这个程序：

```python
def str(a,b):
    c = a+b
    return c
result = str(1,2)
print(result)
```

程序运行结果如图 9-14 所示。

str() 函数用于实现将其他数据类型转换为字符串类型的功能，但是上述程序中调用的 str() 函数返回的是两数计算之和。这是因为在程序中用户自己定义的 str() 函数和 Python 自带的 str() 函数重名了，程序在运行的时候会用编写的 str() 函数功能替代原有的转化为字符串类型的功能。所以上述程序中调用 str() 函数之后，计算两数相加之和，结果为 3。

3

>>>

图 9-14　编写的函数与 Python 自带函数名称相同

关于函数的调用顺序，在一个函数中可以调用其他的函数，被调用函数中的参数与主函数中传入的参数共享，例如下面的程序：

```python
def str(a,b):
    c = a+b
    test(a)
    return c
def test(a):
    print(a)
result = str(1,2)
print(result)
```

在这个程序中，str() 函数中调用了 test() 函数，test() 函数中使用的参数 a 与 str() 函数传入的 a 是一样的值。

 程序实例：一台自动贩卖机

现在到处可见自动贩卖机，用户只需要按下对应商品的按钮，然后选择购买的数量，最后再单击完成按钮就可以获取到商品。下面我们就用程序来模拟这个过程。在开始之前，我们再细致地划分一下这个程序的功能：

（1）用户选择或更改商品名称；

（2）用户输入或者更改购买的数量；

（3）用户用手机扫二维码付钱；

（4）付款成功之后，自动贩卖机出货。

对应的程序流程图如图 9-15 所示。

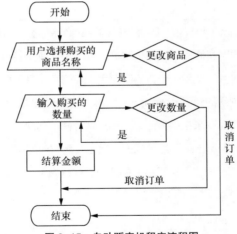

图 9-15 自动贩卖机程序流程图

因为每一个用户购买的商品种类是不相同的，如果按照以前不用函数的方法，需要对程序中的每种可能性都进行判断，过程是非常复杂的。因为每个用户购买东西的过程一样，不同的是商品的种类以及数量，所以可以将改变的部分作为函数中的参数，在调用函数的时候，通过改变函数中的参数来快速地实现对应的功能。

按照上面分析的功能，假设该贩卖机中有商品矿泉水（2 元 / 瓶）、可乐（5 元 / 瓶）、雪碧（5 元 / 瓶）、维生素饮料（6 元 / 瓶）、方便面（4 元 / 袋）、饼干（5 元 / 盒）。为了在程序中更方便地使用商品信息，可以将这些数据存储在字典中，即 dic = {" 矿泉水 ":2,

" 可乐 ":5, " 雪碧 ":5, " 维生素饮料 ":6, " 方便面 ":4, " 饼干 ":5}。按照上面的程序功能分析，首先是获取用户需要购买的商品，可以定义如下函数：

```python
# 获取用户需要购买的商品的名称
def getProduct():
    productList = []
    while True:
        d = {} # 存储购买的商品信息
        name = input(" 请输入购买商品的名称：")
        num = input(" 请输入购买的数量：")
        d[name] = num
        productList.append(d)
        submit = input(" 请选择操作编号：1. 确认提交 2. 修改 ")
        if submit == "1":
            break
        else：
            changeName = input(" 请输入要修改的商品的名称：")
            for i in productList:
                if changeName in i:
                    i[changeName] -=1
    return productList
```

在创建的 getProduct() 函数中，因为用户购买的商品种类和数量是不固定的，所以使用 while 循环获取用户要购买商品的名称和数量。为了保证商品名和数量一一对应，在循环中用户每次添加商品的时候，使用一个新的字典用于存储商品名和数量，最后将每次添加的商品信息存储在循环外创建的列表 productList 中。在循环里模拟用户提交确认信息，结束程序中的循环，最后将商品列表结果返回；当用户选择修改信息时，先使用 for 循环将添加到列表中的商品信息字典遍历出来，然后根据商品名找到对应的字典，修改商品的数量。

编写好了之后，接下来再来看用于结算的函数，代码如下：

```python
# 根据购买的商品信息结算
def balance(productList):
    money = 0
    dic = {" 矿泉水 ":2, " 可乐 ":5, " 雪碧 ":5, " 维生素饮料 ":6, " 方便面 ":4, " 饼干 ":5}
    for i in productList:
        # 获取商品列表中的商品名
        for k in i.keys():
            # 根据商品名获取对应的价格
            v = dic[k]
            # 获取商品购买数量
            n = i[k]
            money +=v*n
    return money
```

在结算函数 balance() 中先定义了一个初始金额 0，然后在函数外调用获取商品信息函数 getProduct() 获取商品信息，返回结果是一个列表类型的数据，这个结果列表中存放着的是以字典形式存储的 { 商品名 : 商品数量 } 信息。使用 for 循环获取商品名，然后根据商品名获取商品对应的价格和数量，最后计算出用户所花金额。

编写完了统计商品信息的函数 getProduct() 和结算函数之后，接下来在函数外调用即可：

```
# 调用函数
productList= getProduct()
result = balance(productList)
print(result)
```

到这里，我们就模拟完成了一个自动贩卖机的功能程序设计，这个程序按照功能拆分为两个函数，通过函数之间的调用，最后计算出用户购买商品所花的金额。

9.10 动手试一试，更上一层楼

1. 找出下面这个程序中的错误。

```
def f()
a =1
b = 2
print(a+b)
f()
```

【答案】（1）函数名后面没有冒号；（2）函数中的内容没有缩进。

2. 说出下面这个程序的运行结果。

```
def f():
    a = 1
    a +=5
    print(a)
a=2
f()
print(a)
```

【答案】6；2。

3. 说出下面这个程序的运行结果。

```
def f():
    s = 0
    for i in range(5):
        s+=i
f(2)
```

【答案】程序报错，因为定义的函数 f() 中没有参数。

4. 补全下面的程序，使得最后程序输出的结果为 ["input","print"]。

```
def test(lst):
    res = []
    for i in lst：
        if "in" in i:
            _____

        _____

lst = ["input","while", "pop", "print", "append"]
res = test(lst)
print(res)
```

【答案】res.append(i)；return res。

5. 下面这个程序的运行结果是什么？

```
def test():
    for i in range(6,10):
        if i %2 ==0:
            lst.append(i)
lst = [1,2,3,4,5,3]
print(lst)
```

【答案】[1,2,3,4,5,3]，因为不能在函数中改变全局变量 lst。

6. 补全代码，使得程序最后的运行结果为 [1,3,5,7,9]。

```
def test():
    _____
    for i in range(1, 10):
        _____
            lst.append(i)
lst = []
print(lst)
```

【答案】global lst；if i %2 !=0:。

7. 观察下面这个程序，说出程序的运行结果。

```
def test(a,b):
    result = a +b +a*b +c
    return result
res = test(2,3,4)
print(res)
```

【答案】程序报错，因为 test() 函数中只有两个参数，而在函数外调用 test() 时，传入了 3 个参数，并且函数 test() 内部使用了一个未知变量 c。

8. 观察下面这个程序，说出程序运行结果。

```
def test(a,b=1):
    if b>a:
        print(b**3)
    else:
        print(a**3)
test(3)
```

【答案】27。

9. 观察下面这个程序，说出程序运行结果。

```
def test(a,b,c,d,e=8):
    res1 = a+b
    res2 = c*d
    res3 = b*e
    return res1,res2,res3
res1, res2, res3 = test(b=2,d=6,a=1,c= 5,e=3)
print(res1)
print(res2)
print(res3)
```

【答案】3；30；6。

10. 观察下面这个程序，说出程序运行结果。

```
def test(a,b,c,d,e=8):
    res1 = a+e
    res2 = c*d
    res3 = b*e
    return res1,res2,res3
result = test(b=2,d=6,a=1,c= 5)
print(result)
print(result[0])
print(result[1])
print(result[2])
```

【答案】(9,30,16)；9；30；16。

11. 观察下面这个程序，将函数改为匿名形式。

```
def test(a,b):
    result = a**b
    return result
res = test(2,3)
print(res)
```

【答案】

```
f = lambda a,b: a**b
res = f(2,3)
print(res)
```

12. 将下面这个程序改写成函数的形式。

```
# 生成 4 位随机数字验证码
import random
a = input(" 输入一个最大值 ")
b = input(" 输入一个最小值 ")
lst = []
for i in range(4):
    num = random.randint(int(a),int(b))
    lst.append(str(num))
s = ''.join(lst)
print(s)
```

【答案】

```
# 方法有多种，此处只介绍一种参考答案
import random
def check(a,b):
    lst = []
    for i in range(4):
        num = random.randint(int(a),int(b))
        lst.append(str(num))
    s = ''.join(lst)
    return s
a = input(" 输入一个最大值 ")
b = input(" 输入一个最小值 ")
result = check(a,b)
print(result)
```

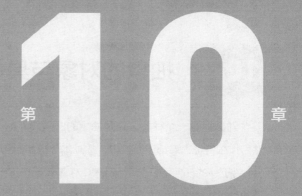

第

10

章

一切皆对象

Python 中的对象指的是一种抽象的概念，你所看到的一切都可以被视为对象，例如书、本子、人、花、树木、桌子、车子……这些东西在程序中都可以被看成对象，在程序中可以通过操作这一个个对象来实现具体的功能。

10.1 抽象的对象与具体的实例

对象就像一个种类，它是抽象的。例如人这个对象，假设我让你在人群中找一个人，然后什么特征信息都没有给你，你基本上是找不到这个人的；同样，我让你到图书馆找一本书，关于书的任何特征信息没有，你基本是找不到的。这里的人和书都是对象，由于他（它）们的种类、数量很多，因此如果没有指定具体的特征是找不到的。

为了能够找到特定的某个东西，先要确定这个东西属于哪个种类，然后有哪些具体的特征。例如找一个人，首先确定是男人还是女人，再确定年龄、出生日期、住址、姓名、外貌特征等信息，然后根据这些具体的信息，在人群中匹配出的唯一符合所有条件的人就是要找的人，而这个人就是在人这个对象上绑定了具体的特征信息得到的具体实例。同样，在图书馆中找一本书，首先得确定它是科学书、漫画书、小说、诗歌还是其他种类的书，然后确定书名、出版时间、作者、出版社等具体信息，再根据这些信息找到想要的书，而找到的这本书就是书这个对象的具体实例。总而言之，对象是一个种类，它可以包含很多实例，而实例是具有特定特征的事物。下面就来看几个具体的例子，一双鞋、一条狗、一辆车、一朵花、一只猫，这些描述都指的是对象，因为根据这些信息无法找到唯一与之对应的东西；小明的一双印有绿色图案的鞋子、老王家的一条通身黑毛的拉布拉多犬、张三家的一辆红色越野车、小李家门口水缸里的一朵睡莲、王二家的一只名叫多多的小橘猫，根据这些带有特征的信息能够找到唯一对应的事物，这些指的就是实例。

在程序中，随着项目越来越大，编写的程序代码也越来越多，为了方便管理这些程序代码，可以采用面向对象的思想，即所有的程序功能与对象绑定，程序操作的是一个个对象。这种方式为面向对象的方式，而在本章之前所讲的是一种面向过程的方式。下面用一个操作车移动的例子来阐述面向对象和面向过程的区别。

1. 面向过程

改变车的移动，可以直接在程序代码中改变代表小车位置的坐标属性，让小车按照设置好的规则移动到目的地。

2. 面向对象

改变车的移动，首先需要按照车的特征创建出一个车的实例，然后告诉这个实例需要移动到哪里。至于中间移动的过程，外部程序不关心，只有对象内部的程序知道。

两者的区别在于，面向过程的编程思想是可以直接在外部程序中修改所有程序代码，包括定义移动的目标位置、移动过程中的方式方法；而面向对象则是用户只需要告诉外部程序移动的目标位置，至于控制它怎么移动的程序在一开始就已经定义好了，作为外部程序只能去调用，而无权在外部程序中修改。

两种编程思想各有利弊。面向过程，一切都可以自己定义，当程序功能较为简单时，方便调整修改，但是当程序功能变得复杂时，不利于程序的后期修改和维护，管理起来较为麻烦；而面向对象的思想是抽象思维更高层次的体现，并且在实施大项目、程序代码增多时，面向对象非常有利于代码的管理。面向对象编程有三大特征：封装、继承、多态。接下来就以火车站售票为例，详细介绍面向对象的三大特征。

1. 封装

对一般人来说，火车站售票处就是一排窗口，作为购票者的我们只是在那里排队买票、取票，而不会去关心那些工作人员是怎么给我们查询火车票、怎么收钱、怎么结算、人员之间怎么安排交接等内部工作流程的。这些内部的流程也不会有人告诉我们，我们只需要知道可以在这里买票、取票即可，内部的工作流程对于我们来说就是一个封装。它对于我们来说是被隐藏的，只保留了几个必要的功能供我们使用。

2. 继承

在售票处的窗口中，有些窗口往往不只有购票、取票的功能，还有改签、退票的功能，这些功能都是在购票、取票功能的基础上为了给购票者更多的选择而提供的其他服务。这就相当于购票、取票是每一个窗口必备的功能，而有些窗口不仅继承了这两个基本功能，还增加了改签、退票的功能。

3. 多态

同样是在售票处进行退票操作，也有很多不同的退票方式，例如网上购票后退票、纸质票退票、超出发车时间退票等情况。虽然它们都是退票，但是退还的处理方法是不同的。多态指的是对同一种问题，采用不同的解决方案。

在了解了这些关于面向对象的概念之后，接下来就来看看面向对象在程序中如何体现。

10.2 找到属于你的小宠物

宠物都有名字、性别、年龄、毛发颜色等特征，除了特征之外，还有具体的行为，例如：在吃方面，猫喜欢吃鱼，狗喜欢吃骨头，小鸟喜欢吃虫子；在叫声方面，猫是喵喵，狗是汪汪，小鸟是叽叽喳喳。在了解了宠物的大致特征之后，我们可以先将这些共同的特征概括出来创建一个对象，然后在这个对象的基础上绑定对应的具体信息，从而得到一只只具体的宠物。

对象在程序中称为类，也叫类对象，以关键字 class 开头，然后在类里面定义其属性和方法。属性可以看作对象的特征，方法则是对象的行为。示例代码如下：

```
# 宠物类
class 宠物类 ():
    def __init__(self):
        属性 1
        属性 2
        ……
    def 方法 1():
        ……
    def 方法 2():
        ……
```

关键字 class 后面是类的名称和括号，然后在后面加上冒号。接着定义一个 __init__()函数，函数名的开头和结尾是两条下划线，这是一个在类中固定使用的函数，其作用是初始化实例，也就是绑定属性之后，创建实例对象必要的函数。在这个宠物类中还可以创建多个方法，它与之前学习的函数类似，但是不同于函数的是方法可以在程序中的任意位置被调用，类中定义的方法只能通过实例来调用，具体的使用方法和过程将在后面详细讲解。下面就以定义一个宠物类为例创建一个名为 Pet 的类：

```
# 宠物类
class Pet():
    def __init__(self, name, sex, age,color):
        self.name = name  # 宠物名
        self.sex = sex  # 宠物性别
        self.age = age  # 宠物年龄
        self.color = color # 宠物毛色
    def eat(self):
        print(" 吃的方法 ")
    def say(self):
        print(" 叫的方法 ")
```

在上面创建的 Pet 类中，分别定义了宠物的名字 name、宠物的性别 sex、宠物的年龄 age、宠物的毛发颜色 color，还定义了吃的方法 eat() 和叫的方法 say()。相信细心的读者应该都发现了，无论在哪一个方法中，第一个参数都是 self，这个就是类中的方法和之前学习的函数最大的区别，self 表示的是通过类创建的实例。因为在类中定义的属性和方法都属于类内部，所以只能通过创建的实例去调用定义好的方法和属性，例如要使用上面定义的 Pet 类中的各个属性，对应的代码如下：

```
cat = Pet("Tom"," 公 ",2," 橘黄色 ")
print(cat.name)
print(cat.sex)
print(cat.age)
print(cat.color)
```

　　第一行代码的作用是将具体的信息绑定到对象上，在使用 Pet 类创建实例时，程序会自动调用 __init__() 方法，将传入的 4 个参数分别对应 __init__() 中的 name、sex、age、color，而方法中的 self 代表的是实例本身。在第一行代码执行之后，程序生成了一个 cat（ 猫 ）的实例，它的属性为名字叫 Tom，公，2 岁，颜色为橘黄色，可以使用实例名 . 属性的方式获取绑定到实例上的对应属性。同样，要使用类中定义的方法，也是通过实例名 . 方法名的方式来调用，例如调用类中定义的 eat() 和 say() 方法，对应的代码如下：

```
cat = Pet("Tom"," 公 ",2," 橘黄色 ")
cat.eat()
cat.say()
```

　　最后实现的效果如图 10-1 所示。

　　这里要注意的是，类中定义的方法只能通过类创建的实例调用，而不能在类外和像调用之前学习的函数一样直接调用。

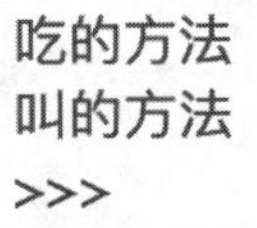

　　一个定义好的类可以创建多个具体实例，例如通过上面的 Pet 类创建了 cat 实例，还可以创建 dog、bird 等实例，例如：

吃的方法
叫的方法
>>>

图 10-1　调用类中的方法

```
dog = Pet("Andy"," 公 ",3," 黑色 ")
bird = Pet("Yan"," 母 ",1," 灰色 ")
```

　　Pet 类相当于将宠物的一般特征总结出来，只要具有这些特征的宠物都可以用这个类来进行实例化。前面也说过创建的实例可以调用类中的方法，但是方法在类中已经定义好了，如果每个实例直接调用上面类中定义的方法，得到的结果是一样的。但是每一个宠物的习性是不同的，例如创建的猫实例 cat，它应该是吃鱼的，叫法应该是喵喵，而后面创建的狗实例 dog、鸟实例 bird，调用方法之后，应该是有不同的答案的。为了能够灵活调用这些方法，可以将上面定义类的代码修改成下面这样：

```
# 宠物类
class Pet():
```

```
def __init__(self, name, sex, age,color, food,sound):
    self.name = name  # 宠物名
    self.sex = sex  # 宠物性别
    self.age = age  # 宠物年龄
    self.color = color  # 宠物毛色
    self.food = food  # 喜欢吃的食物
    self.sound = sound  # 叫声
def eat(self):
    print(self.name + " 吃的食物是： " + self.food)
def say(self):
    print(self.name + " 叫的声音是： " + self.sound)
```

首先在类的初始化方法 __init__() 中增加了两个属性，分别表示宠物喜欢吃的食物 food、叫声 sound。因为 __init__() 是一个初始化方法，在类创建实例时会自动调用，而类可以创建多个不同的实例，为了保证每个实例能够绑定对应的属性，在 __init__() 方法中初始化属性时，使用 self. 属性名的方式进行正确无误的绑定。然后在类的方法中需要调用定义的属性时，为了确保每个实例使用的是自己的属性，也使用 self. 属性的方式进行调用。在完成对定义类的代码的修改之后，再重新进行实例化，创建宠物狗、宠物猫实例，代码如下：

```
dog = Pet("Andy"," 公 ",3," 黑色 ", " 骨头 ", " 汪汪 ")
cat = Pet("Tom"," 公 ",2," 橘黄色 ", " 鱼 ", " 喵喵 ")
dog.eat()
dog.say()
cat.eat()
cat.say()
```

因为修改了 Pet 类，在初始化方法 __init__() 中增加了两个属性，所以在创建实例时，为了保证属性一一对应，必须使得实例中传入的属性个数和定义类时的属性变量个数是一样的（ self 不算）。这个有点像之前学习的函数，定义函数时是几个参数，在程序中调用函数时也必须是几个参数。上面的程序修改之后，运行的结果如图 10-2 所示。

```
Andy吃的食物是： 骨头
Andy叫的声音是： 汪汪
Tom吃的食物是： 鱼
Tom叫的声音是： 喵喵
>>>
```

图 10-2　实例调用方法

由上面的程序运行结果可以看出，程序创建了两个实例之后，在调用相同的方法时，运行的结果是不同的。

在类中创建方法时，如果方法里面的功能程序没有想好怎么写，为了避免程序报错，可以使用 Python 中的关键字 pass 来替代，例如在上面创建的 Pet 类中添加了一个睡觉的方法：

```
class Pet():
    def __init__(self, name, sex, age,color, food,sound):
        ……
    # 定义睡觉的方法
    def sleep(self):
        pass
```

知识加油箱

class：意思为"班级、分类"，在程序中用于创建类。类是一个由若干属性和方法构成的抽象程序，通过绑定具体的属性来生成具体的实例。

init：意思为"初始化、开头"，在程序中用于类的实例化。在创建实例时，程序会自动调用 __init__() 构造方法，将传入的属性绑定到对应的实例上。

pass：意思为"通过、走过"，在程序中定义方法时，可以直接使用 pass 代替方法内部的具体功能程序。

10.3 "魔法"般的方法

这里的"魔法"并不是指真正的魔法，而是指在定义类的过程中自动包含的一些方法，例如上面所说的 __init__() 方法，程序在创建实例时会自动调用这个方法来将传入的属性绑定到对应的实例上。除了 __init__() 方法之外，还有一个 __str__() 方法，它的作用是告诉用户当类实例化之后有哪些内容。默认情况下，实例会显示以下 3 个内容：

（1）实例在哪里被定义（在程序的主要部分 __main__() 中）；

（2）类的名称；

（3）实例化之后的类在内存中的存储位置。

下面以定义的宠物类为例，直接输出绑定属性后的实例化名称，代码如下：

```
# 宠物类
class Pet():
    def __init__(self, name, sex, age):
        self.name = name  # 宠物名
        self.sex = sex  # 宠物性别
        self.age = age  # 宠物年龄
p = Pet("Tom", "female", "2")
print(p)
```

程序运行结果如图 10-3 所示。

```
<__main__.Pet object at 0x109a62320>
>>>
```

图 10-3　类的实例

很显然输出这样的结果是非常不人性化的，这里用户可以自己重新定义"魔法"方法 __str__() 来改变输出的具体内容，代码如下：

```
# 宠物类
class Pet():
    def __init__(self, name, sex, age):
        self.name = name  # 宠物名
        self.sex = sex  # 宠物性别
        self.age = age  # 宠物年龄
    def __str__(self):
        info = " 姓名："+self.name + " 性别： " + self.sex + " 年龄： " + self.age
p = Pet("Tom", "female", "2")
print(p)
```

程序运行结果如图 10-4 所示。

姓名：Tom 性别：female 年龄：2
>>>

图 10-4　__str__() 方法

在类中重新定义了 __str__() 方法之后，可以看到此时类的实例是按照用户自己想要的信息进行输出的。

10.4　"创建"一只哈士奇

在前面我们定义了一个范围广泛的宠物类 Pet，每一个宠物都可以根据其中定义好的结构进行实例化。宠物类 Pet 其实还可以细化，例如狗是宠物中的一种，但是宠物狗的品种又有很多，例如哈士奇、金毛、泰迪、柴犬⋯⋯不同种类狗的习性也是不同的，所以可以创建一个狗类，这个类作为 Pet 类中的一个分支。Pet 类中定义的属性，这个狗类都有，在程序中为了避免写重复的代码，可以通过继承的方式将已经定义好的 Pet 类中的属性和方法继承到狗类中，代码如下：

```
# 宠物类
class Pet():
```

```
    def __init__(self, name, sex, age,color, food,sound):
        self.name = name  # 宠物名
        self.sex = sex  # 宠物性别
        self.age = age  # 宠物年龄
        self.color = color  # 宠物毛色
        self.food =  food  # 喜欢吃的食物
        self.sound = sound  # 叫声
    def eat(self):
        print(self.name + " 吃的食物是： " + self.food)
    def say(self):
        print(self.name + " 叫的声音是： " + self.sound)
# 狗类
class Dog(Pet):
    def skill(self):  # 技能方法
        print(self.name +" 拥有拆家的技能 ")
```

在上面的代码中，重新定义了一个名为 Dog 的类，在后面的括号中填入要继承的 Pet 类。此时 Pet 类和 Dog 类通过继承成了"父子类"，Pet 类就是 Dog 类的父类，Dog 类则是 Pet 类的子类。使用继承之后，Pet 类有的 Dog 类都有，例如通过 Dog 类创建一个哈士奇实例，代码如下：

```
ha = Dog(" 哈士奇 ", " 公 ", 2, " 黑白色 ", " 肉 ", " 呜呜 ")
ha.eat()
ha.say()
ha.skill()
```

在上面的代码中通过传入对应的参数，参数个数和 Pet 父类中定义的参数个数相同，创建了一个哈士奇的实例，然后在程序中调用了 Pet 父类中的 eat() 和 say() 方法，最后程序运行结果如图 10-5 所示。

从图 10-5 可以看出虽然 Dog 类中没有定义 eat() 方法和 say() 方法，但是它继承的 Pet 父类中定义了这两个方法，所以创建的实例 ha 是可以调用这两个方法的。

哈士奇吃的食物是： 肉
哈士奇叫的声音是： 呜呜
哈士奇拥有拆家的技能
>>>

图 10-5 继承

Dog 类除了可以继承 Pet 父类中定义的属性和方法之外，还可以定义新的方法。例如上面的程序中定义了一个技能方法 skill()，在程序中创建的实例哈士奇调用了这个方法。

在 Python 中，一个子类可以同时继承多个父类，例如再创建一个脊椎动物类，然后让创建的狗类同时继承宠物类 Pet 和脊椎动物类，具体代码如下：

```
# 宠物类
class Pet():
    def __init__(self, name, sex, age,color, food,sound):
        self.name = name  # 宠物名
        self.sex = sex  # 宠物性别
        self.age = age  # 宠物年龄
        self.color = color  # 宠物毛色
        self.food =  food  # 喜欢吃的食物
        self.sound = sound  # 叫声
    def eat(self):
        print(self.name + " 吃的食物是: " + self.food)
    def say(self):
        print(self.name + " 叫的声音是: " + self.sound)

# 脊椎动物类
class Animal():
    def demo(self):
        print(" 这是脊椎动物的方法 ")

# 狗类
class Dog(Pet, Animal):
    def skill(self):  # 技能方法
        print(self.name +" 拥有拆家的技能 ")
```

一个子类继承多个父类时，每个父类之间用逗号隔开。总而言之，子类继承父类时，可以使用父类中创建的大多数属性和方法，而且子类还可以定义属于自己的方法。为什么说子类只能使用父类中的大多数属性和方法呢？因为在程序中为了保证数据的安全性和私密性，将数据按照属性分为私有、受保护、公有 3 种。默认情况下，类中定义的所有属性和方法都是公有的，可以在类实例中被调用；而私有属性和方法则只能是被类本身使用；受保护的属性和方法只能被类本身和其子类调用，例如下面的代码：

```
class Test():
    def __init__(self, name,sex):
        self.name = name
        self.__age = 16  # 私有属性
        self._sex = sex  # 受保护属性

    def getAge(self):
        print(self.name + " 的年纪是: " + self.__age)
    def getName(self):
        print(" 名字是: " + self.name)
    def getSex(self):
        print(" 性别是: " + self._sex)
```

```
test = Test(" 张三 "," 男 ")
print(test.name)
print(test._sex)
print(test.__age)
```

在上面的程序中，具有两条下划线的属性就是私有属性，具有一条下划线的是受保护
属性，没有下划线的则是默认的公有属性。程序运行结果如图 10-6 所示。

```
张三
男
Traceback (most recent call last):
  File "/Users/xieyongxing/Desktop/1.py", line 31, in <module>
    print(test.__age)
AttributeError: 'Test' object has no attribute '__age'
>>>
```

图 10-6　属性的种类

在上述程序中使用 Test 类创建了一个 test 实例，公有属性 name 和受保护属性 _sex
可以直接使用实例访问获取，但是私有属性 __age 不能被直接访问。

想一想，议一议

> 如果实例一定要使用类中定义的私有属性，有什么好的方法呢？

要访问类中定义的 __age 私有属性，可以通过调用类中定义的 getAge() 方法间接访问，
代码如下：

```
class Test():
    def __init__(self, name,sex):
        self.name = name
        self.__age = 16  # 私有属性
        self._sex = sex  # 受保护属性

    def getAge(self):
        print(self.name + " 的年纪是： " + self.__age)
    def getName(self):
        print(" 名字是： " + self.name)
    def getSex(self):
        print(" 性别是： " + self._sex)

test = Test(" 张三 "," 男 ")
test.getAge()
```

因为在类中定义的 getAge() 方法是公有的，可以使用实例访问，所以在这个方法中调
用了类中定义的私有属性 __age。设置属性和方法为私有、受保护或公有，可以保证类中

定义好的数据的安全性，避免数据被外部程序改变。

10.5 继承下的多种形态

子类除了可以继承父类已有的属性和方法外，还可以创建属于自己的属性和方法，例如下面的程序：

```
# A 类
class A():
    def __init__(self, name,sex):
        self.name = name  # 姓名
        self.sex = sex  # 性别

    def getSex(self): # 获取性别
        print(self.name + " 的性别是：" + self.sex)

# B 类
class B(A):
    def __init__(self,name, sex, age):
        super().__init__(name,sex)
        self.age = age
    def getAge(self): # 获取年龄
        print(self.name + " 的年龄是：" + self.age)
aa = B(" 张三 "," 男 ","15")
aa.getSex()
aa.getAge()
```

上面的程序中定义了 A、B 两个类，B 类是继承 A 类的子类，在 B 类中重新定义了初始化方法 __init()__，增加了 age 属性；super() 方法继承了父类 A 原有的 name、sex 属性，再额外增加一个 age 属性，减少了重复的代码，并且 B 类中还增加了一个 A 类没有的方法 getAge()，程序运行结果如图 10-7 所示。

张三的性别是：男
张三的年龄是：15
>>>

图 10-7　继承多态

这种增加属性和方法的方式，使得 B 类在继承 A 类的基础上，还增加了一些属于自己的方法和属性。这就是继承下的多态，它可实现子类新的功能需求，保证了程序的灵活性。

想一想，议一议

在子类继承父类的过程中，如果子类重新定义了一个名字和父类相同的方法，当实例调用这个方法时，实例执行的是父类还是子类中的方法？例如：

```
# A 类
class A():
    def __init__(self, name,sex):
        self.name = name  # 姓名
        self.sex = sex  # 性别

    def info(self):  # 获取信息
        print(" 姓名是: "+self.name)
    def info(self, age):
        print(" 年龄是: " + age)
# B 类
class B(A):
    def __init__(self,name, sex, age):
        super().__init__(name,sex)
        self.age = age
    def info(self):  # 获取信息
        print(" 性别是: "+self.sex)
aa = B(" 张三 ", " 男 ","16")
aa.info()
```

在这个程序中，B 类作为 A 类的子类，定义了一个和 A 类名字一样的 info() 方法，但创建的实例 aa 调用的是 B 类中重新定义的 info() 方法，程序运行结果如图 10-8 所示。

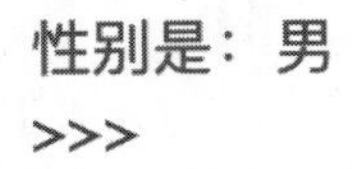

性别是: 男
>>>

图 10-8 方法重写

这种方式叫作重写，即子类中的方法名、参数和父类中定义的方法一样，但是返回的结果不一样；还有一种方式叫作重载，如 A 类中定义的两个 info() 方法，虽然方法的名字相同，但是括号中填入的参数是不同的，这相当于两个不同的方法。

知识加油箱

super：意思为"顶好的、超级的"，在程序中表示子类继承父类的属性。

10.6 程序实例：到底谁是小偷

最近，小星所在的小区出现了小偷，警察根据犯罪现场留下的证据（一根黄色卷发，一个 42 码的鞋印），对周边有嫌疑的人进行了一次大规模的排查，但是由于人数太多，排查起来非常麻烦，小星灵机一动编写了一个排查小偷的程序。他的思路如下：

（1）每一个嫌疑人都有名字、年龄、性别、头发特征、脚的尺寸，以此建立起一个 People 类；

（2）创建验证头发、鞋印的方法；

（3）当头发特征满足时，再去验证鞋印，当两个特征同时满足时，即为对应的小偷。

根据思路，小星画出了对应的流程图，如图 10-9 所示。

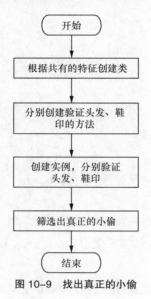

图 10-9 找出真正的小偷

对应的程序如下：

```python
# 验证谁是小偷
class People():
    def __init__(self, name,age, sex,color, size):
        self.name = name  # 姓名
        self.age = age  # 年龄
        self.sex = sex  # 性别
        self.color = color  # 头发颜色
        self.size = size  # 鞋印大小
    # 验证头发特征
    def getColor(self, color): # 获取信息
        if color == self.color:
            return True
        else:
            return False
    # 验证鞋印大小
    def getSize(self, size):
        if size == self.size:
            return True
```

```
        else:
            return False

# 将嫌疑人的信息输入，以张三为例创建实例
p = People(" 张三 ", 23, " 男 ", 黑色 ,42)
res1 = p.getColor(" 黄色 ")
if res1:
    res2 = p.getSize(42)
    if res2:
        print(p.name + " 是真正的小偷 ")
```

程序中创建了一个名为 People 的类，首先将共有的属性通过 __init__() 方法初始化，然后创建了验证头发的 getColor() 方法和验证鞋印大小的 getSize() 方法。在类外以张三的特征为例，构建实例调用编写好的方法，最后对比提供的特征，找出真正的小偷。

在类中创建的方法也和之前学习的函数一样，可以返回程序执行后的结果。例如这里使用 True 和 False 作为判断是否满足特征条件的结果，通过实例调用方法之后返回最终的结果。

10.7 动手试一试，更上一层楼

1. 面向对象的三大特性分别是 ＿＿＿＿＿＿＿、＿＿＿＿＿＿、＿＿＿＿＿＿＿＿。

【答案】封装、继承、多态。

2. 下面关于类和实例的说法错误的是（ ）。

A. 类是抽象的，实例是具体的 B. 一个类可以创建多个实例

C. 类中所有的属性、方法都是可以被实例调用的 D. 实例是由类产生的

【答案】C。

3. 下列关于面向对象和面向过程的说法正确的是（ ）。

A. 面向对象和面向过程都是编程的一种思想

B. 面向过程是面向对象的基础

C. 面向对象编程一定比面向过程编程效率高

D. 面向过程强调的是以对象为基础解决问题

【答案】A。

4. 构造方法是类中的一个特殊方法，它在 Python 中固定的名字为（ ）。

A. def   B. class   C. init   D. __init__

【答案】D。

5. 类中有一个特殊的变量，它表示当前实例本身，可以访问类的成员，这个变量是（ ）。

A. class   B. __init__   C. self   D. 类名

【答案】C。

6. 在 Python 中，用关键字（ ）来声明一个类。

A. def   B. self   C. class   D. init

【答案】C。

7. 找出下面这个程序中的错误。

```
class A()
    def init(name,sex):
        self.name = name
        self.sex = sex
    def setA():
        print(self.name)
a = A(" 张三 "," 男 ")
a.setA()
```

【答案】（1）第一行代码后面没有冒号；

（2）init(name,sex) 改为 __init__(self,name,sex);

（3）定义方法 setA() 时缺少参数 self。

8. 说出下面哪些是类，哪些是实例。

A. 家住杭州的小明爸爸   B. 一双鞋子

C. 老王家的一只尾巴上有斑点的小金毛   D. 停在路边的一辆自行车

【答案】类：B、D。实例：A、C。

9. 说出下面这个程序的运行结果。

```
class A():
    def __init__(self,name,sex):
        self.name = name
        self.sex = sex
    def setA(self):
        print(self.name)
    def setA(self, age):
        print(age)
a = A(" 张三 "," 男 ")
a. setA(10)
```

【答案】10。

10. 说出下面这个程序的运行结果。

```
class A():
    def __init__(self,name,sex):
        self.name = name
        self.sex = sex
    def setA(self):
        print(self.name)
    def setA(self, age):
        print(age)
class B():
    def setB(self):
        print(" 这是类 B 的方法 ")
class C(A,B):
    def setA(self):
        print(" 这是类 A 的方法 ")
    def setC(self):
        print(" 这是类 C 的方法 ")
a = C(" 张三 ", " 男 ")
a.setA()
a.setB()
a. setC()
```

【答案】这是类 A 的方法；这是类 B 的方法；这是类 C 的方法。

11 . 补全下面的程序，使得创建的类 B 在继承类 A 的基础上，添加一个 age 属性。

```
def __init__(self,name,sex):
    self.name = name
    self.sex = sex
class B(A):

    _____
    _____
    _____
    _____
```

【答案】

```
class A():
    def __init__(self, name,sex,age):
        super().__init(name, sex)
        self.age= age
```

12. 创建一个矩形类，包含宽、高属性，并包含计算周长、面积的方法。

【答案】

```
class Rec():
    def __init__(self, width,height):
```

```
        self.width = width
        self.height = height
    # 计算周长的方法
    def girth(self):
        res = (self.width+self.height)*2
        return res
    # 计算面积的方法
    def area(self):
        res = self.width*self.height
        return res
```

第 **11** 章

工具箱——模块

　　一个装修师傅往往有锤子、钳子、锯子、尺子等各种工具，师傅们往往会将这些工具按照功能分类放入一个工具箱中，这样做的好处是不仅可以方便管理这些工具，避免工具杂乱无章地摆放而影响美观，还有助于师傅快速地找到想要的工具。同样，在 Python 程序中，也有很多功能各异的函数，这些函数就像师傅手中的工具。为了方便管理这些函数，程序中也使用了一个类似于工具箱的东西，叫作模块，本章就来详细讲解模块的概念以及使用方式。

11.1 什么是模块

模块是 Python 的一个重要组成部分，Python 拥有很多自带的模块，读者也可以自己编写属于自己的模块，每一个模块中都有多个功能类似的函数。模块是一个独立的 Python 文件，在这个文件中可以定义多个函数或者多个类，然后在类中定义多个方法。模块的优点是方便管理，而且将写好的函数或类放入一个模块文件之后，可以方便程序调用。Python 之所以被广泛应有，其中一个主要的原因在于它拥有数量众多的第三方库。这些第三方库就是开发者写好的模块，我们只需要通过简短的一行代码就可以使用别人写好的模块。

要使用模块，首先得将模块导入程序中，使用关键字 import 加模块名的方式导入要使用的模块：

```
# 导入模块
import 模块名称
```

这种方式的导入是将指定模块中所有的方法都导入程序，而有时候我们只想用模块中的一个或几个方法，可以使用关键字 from 模块名 import 方法名的方式指定导入模块中的方法：

```
# 导入模块中的某些方法
from 模块名 import 方法 1, 方法 2, 方法 3...
```

得益于 Python 中有大量的功能模块，我们在编写程序的过程中可以根据要实现的功能去使用对应的模块。初学者只需要了解模块能实现什么功能，不需要去理解这个模块到底是怎么实现对应功能的。在接下来的几节中将详细讲解 Python 中常用的模块。

知识加油箱

import：意思为"导入、引入"，在程序中用于导入要使用的程序模块。

from：意思为"从……起、从……开始"，在程序中用于导入指定模块中的具体方法。

11.2 模拟掷骰子的 random 模块

骰子有 6 个面，在投掷的过程中，6 个面上的 1 ~ 6 内的所有数字都有可能被掷到，

是一个随机的过程，在程序中我们可以用 random 模块来模拟掷骰子的过程，程序
如下：

```
# 导入 random 模块
import random
num = random.randint(1,6)
print(" 掷的骰子是 "+ str(num))
```

在程序中，首先使用 import 导入要使用的 random 模块，然后使用模块名 . 方法名的
方式调用 random 模块中的 randint() 方法。randint() 的使用方式如下：

```
randint( 起始范围 , 结束范围 )
```

randint() 方法中需要填入两个数字类型的参数，表示在这个范围内随机获取一个数字。
因为上面是模拟掷骰子的过程，一个普通的骰子只有 6 种可能性，所以这里填入随机数字
的起始值为 1，结束值为 6，这样程序每次运行后获取的数字都有可能不一样。下面再用
from 关键字导入模块中的 randint() 方法模拟掷骰子的过程，程序如下：

```
# 导入 random 模块
from random import randint
num = randint(1,6)
print(" 掷的骰子是 "+ str(num))
```

相比于直接使用 import 导入模块，使用 from 导入的是指定模块的方法，所以这里在
调用方法时，可以直接使用方法名。

在 random 模块中除了可以获取指定范围内的随机整数之外，还可以生成指定范围内
的小数，程序如下：

```
# 导入 random 模块
import random
a= random.random()
b= random.uniform(1,2)
print(a)
print(b)
```

程序中第一个变量 a 获取的是 0 ~ 1 内的随机小数，在 random() 方法中不需要指定
随机数字的范围；而第二个变量 b 获取的是 1 ~ 2 内的随机小数。程序每次运行之后都可
能获得不同的结果，如图 11-1 所示。

```
0.9341464146637005
1.2819044296650568
>>>
>>>
==================
0.9101698134716155
1.4738481442667033
>>>
```

图 11-1 随机小数

random 模块除了能够产生随机数字之外，还可以从指定的字符串中获取一个随机字符，代码如下：

```
# 导入 random 模块
import random
char = random.choice("a1bw^cd2e#gh3ikmn-op+")
print(" 获取的随机字符是： "+ char)
```

在 choice() 方法中填入指定的随机字符串，程序运行之后获得的是指定字符串中随机的一个字符。除了可以从字符串中获取一个字符之外，sample() 方法还可以用来获取多个随机字符，它的作用是从指定的字符串中获取规定长度的字符串。它的使用方式如下：

```
sample( 指定字符串 , 随机字符串长度 )
```

例如我们经常遇到的验证码就是一个随机生成的过程，下面我们就来用程序模拟生成一个由字母构成的 4 位验证码，程序如下：

```
# 导入 random 模块
import random
# 从指定的字母范围中选择
char = random.sample("aAbBcCdDeEfFgGhHiIjJkKlLmMnNoOpPqQrRsStTuU
vVwWxXyYzZ",4)
print(char)
yzm = "".join(char)
print(" 生成的随机验证码为： "+ yzm)
```

在 sample() 方法中第一个参数是所有可能的大小写字母，第二个参数是从中获取 4 个随机字符，得到的结果是一个列表类型，最后使用 join() 函数将列表转换为字符串，程序运行结果如图 11-2 所示。

```
['z', 'h', 'p', 'u']
生成的随机验证码为： zhpu
>>>
```

图 11-2 获取随机验证码

知识加油箱

random：意思为"随机、随意"，是 Python 中一个常用的模块，其中包含了很多用于生成随机数字、字符串的方法。在程序中使用模块，必须在程序中先导入这个模块。

randint：random 模块中用于获取指定范围内的随机整数的方法。

choice：意思为"选择、挑选"，是 random 模块中用于获取指定字符串内的一个随机字符的方法。

shuffle：random 模块中用于获取指定字符串内的一个或多个随机字符的方法。

random 模块还包含了其他很多用于处理随机方面问题的方法，上面只讲解了几种较为常用的方法，有兴趣的读者还可以从网上查找相关的其他方法。

11.3 控制时间的 time 模块

time 模块是 Python 中专门用来处理与时间相关问题的模块，例如可以使用 time 模块中的 time() 方法获取当前的时间，程序如下：

```
# 导入 time 模块
import time
# 获取当前的时间
now = time.time()
print(now)
```

程序运行结果如图 11-3 所示。

看到这里，想必有读者疑惑了，为什么程序运行结果是一串数字，而不是一个具体的日期？这是因为 time() 方法获取的是一个时间戳，它代表的是当前时间与 1970 年 1 月 1 日的时间差，单位是秒。为了让获取到的时间能够一目了然，我

```
1589787163.584476
>>>
```

图 11-3 获取时间戳

们可以使用 time 模块中的 localtime() 方法将获取到的时间戳转化为具体的时间，程序如下：

```
# 导入 time 模块
import time
# 获取当前的时间
now = time.time()
# 获取时间戳
print(now)
local = time.localtime(now)
print(" 当前时间为： ", local)
```

程序运行结果如图 11-4 所示。

```
1589870781.743684
当前时间为： time.struct_time(tm_year=2020, tm_mon=5, tm_mday=19, tm_hour=14, tm_mi
n=46, tm_sec=21, tm_wday=1, tm_yday=140, tm_isdst=0)
>>>
```

图 11-4　当前时间

localtime() 方法返回的是一个时间集合，tm_year、tm_mon、tm_mday、tm_hour、tm_min、tm_sec、tm_wday、tm_yday、tm_isdst 分别代表的是年、月、日、时、分、秒、周几（0 表示周日）、一年中的第几天、是否为夏令时（默认为 -1）。但是在开发过程中往往获取的时间并不需要时间集合里的全部内容，这时候可以在上面程序的基础上添加如下代码以获取指定的时间：

```python
# 获取指定的时间部分
print(local.tm_year) # 年
print(local.tm_mon) # 月
print(local.tm_mday) # 日
print(local.tm_hour) # 时
print(local.tm_min) # 分
print(local.tm_sec) # 秒
……
```

根据返回的集合使用 local. 时间名的方式获取对应的时间部分。除了这种获取时间部分的方法之外，time 模块中还有一个 strftime() 方法，它的作用是对获取的时间集合进行格式化处理，使用方式如下：

```
strftime( 时间格式 , 时间集合 )
```

接下来就以获取当前时间为例，使用 strftime() 方法对程序获取到的时间进行格式化处理，以得到一目了然的时间，程序如下：

```python
# 导入 time 模块
import time
# 获取时间戳
now = time.time()
# 时间集合
local = time.localtime(now)
# 格式化处理时间
tmp = time.strftime("%Y-%m-%d %H:%M:%S", local)
print(" 当前时间为： ", tmp)
```

strftime() 方法中的第一个参数是指定时间的格式化样式，%Y、%m、%d、%H、%M、%S

分别代表的是年、月、日、时、分、秒，程序运行结果如图 11-5 所示。

当前时间为： **2020-05-19 14:46:21**
\>>>

图 11-5 格式化时间

指定时间的格式化样式时，一定要注意所用字母的大小写。格式化的样式有很多种，除了上面的几种之外，常见的还有 %A、%B、%p、%W、%Z、%X，分别代表星期几（英文）、月份（英文）、上 / 下午、在一年中的星期数、当前时区的名称、当前本地时间。

想一想，议一议

　　使用 time 模块时为什么不直接一次性获取到具体的时间，反而需要先获取时间戳再进行转化呢？这样做是不是多此一举呢？时间戳的存在有什么好处呢？

使用时间戳并不是多此一举，因为全世界的时间是不一样的。虽然设定了 1970 年 1 月 1 日为起始点，可以直接用具体的时间进行相减，但在程序中考虑到相减的时间单位不利于计算，而使用时间戳之后，单位统一都是秒，计算起来比直接用具体时间要简单方便。例如，统计一个程序运行所花的时间，因为程序的运行时间可能短到 0.001 秒，如果不使用时间戳，而是使用具体的时间进行计算，具体的时间最小的单位为秒，这样就很难计算出来。下面就以获取当前时间程序的运行时间为例，计算出这个程序运行所需要的时间，程序如下：

```python
# 导入 time 模块
import time
# 起始时间
start = time. time()
# 获取时间戳
now = time.time()
# 时间集合
local = time.localtime(now)
# 格式化处理时间
tmp = time.strftime("%Y-%m-%d  %H:%M:%S", local)
print(" 当前时间为：", tmp)
# 结束时间
end = time.time()
print(" 程序所花时间为：", end-start)
```

在程序的开头获取程序运行到此行代码时的时间，然后在程序的最后再获取一次程序运行到此行代码的时间，将获取到的两个时间相减，得到最终程序运行所花的时间，程序运行结果如图 11-6 所示。

当前时间为： 2020-05-19 14:46:21
程序所花时间为： 0.12863612174987793

图 11-6　获取程序运行时间

将获取到的时间戳相减，可以快速地获得程序运行时间。其实在 time 模块中有一个专门用于获取程序运行时间的 process_time() 方法，只需要将上面代码中的 time.time() 换成 time.process_time() 即可获取程序的运行时间。

time 模块除了可以将时间戳转化为具体时间之外，还可以将具体时间逆转回时间戳，其步骤如下：

（1）将具体时间转化为时间集合；

（2）将得到的时间集合转化为对应的时间戳。

步骤（1）中使用 time 模块中的 strptime() 方法将具体时间转化为时间集合，它的使用方式如下：

strptime(具体时间 , 时间格式)

步骤（2）中使用 mktime() 方法将步骤（1）中得到的时间集合转化为时间戳，它的使用方式如下：

mktime(时间集合)

下面将具体时间 2020-05-19 16:18:20 转化为对应的时间戳，程序如下：

```
# 导入 time 模块
import time
t = "2020-05-19 16:18:20"
# 转化为时间集合
time_arr = time.strptime(t, "%Y-%m-%d %H:%M:%S")
print(" 时间集合为：", time_arr)
# 转化为时间戳
stamp = time.mktime(time_arr)
print(" 时间戳为：", stamp)
```

程序运行结果如图 11-7 所示。

```
时间集合为： time.struct_time(tm_year=2020, tm_mon=5, tm_mday=19, tm_hour=16, tm_min=18, tm_sec=20, tm_wday=1, tm_yday=140, tm_isdst=-1)
时间戳为： 1589876300.0
>>>
```

图 11-7　将具体时间转化为时间戳

程序的运行速度是非常快的，但是有时候我们希望程序的运行速度慢一点，例如生活中的滚动广告牌，它上面的字是一个一个出现的。为了达到这种效果，我们就需要控制字体出现的速度。在程序中也是一样，time 模块中有一个 sleep() 方法用于延迟程序中代码的执行，括号中填入要延迟的时间（单位为秒）。下面就以使用 time 模块模拟滚动字幕为例，程序如下：

```
# 导入 time 模块
import time
s = " 强大的 Python 模块 "
for i in s:
    print(i,end="")
    time.sleep(0.2)
```

在这个程序中，使用了 time.sleep() 设置程序中的 print() 函数每输出一个字就延迟 0.2 秒，从而达到字一个一个出现的效果。

（知识加油箱）

time：意思为"时间、时刻"，是 Python 中一个常用的模块，其中包含了很多用于控制时间、格式化显示时间的方法。要在程序中使用该模块，必须在程序中先导入这个模块。

local：意思为"本地的、局部的"，与 time 合并组成 localtime，用于获取当前的时间集合。

strftime：time 模块中用于将获取到的时间集合转化为指定的格式化时间。

strptime：time 模块中用于将格式化时间转化为时间集合。

mktime：time 模块中用于将时间集合转化为对应的时间戳。

sleep：意思为"睡眠、睡觉"，time 模块中用于延迟程序中代码的执行。

11.4 另一个处理时间的 datetime 模块

Python 中除了 time 模块可以处理时间之外，还有一个 datetime 模块，其也拥有很多处理时间的相关方法。与 time 模块相比，datetime 模块提供了很多处理时间和日期的方法，其输出样式既有简单的，也有复杂的，输出格式更加直观易用，功能也更加强大。

与 time 模块相比，datetime 模块获取当前时间只需要调用 datetime 模块中的 datetime.now() 方法即可，代码如下：

```
# 导入 datetime 模块
import datetime
now = datetime.datetime.now()
print(" 当前时间为：", now)
```

程序运行结果如图 11-8 所示。

当前时间为： 2020-05-20 15:12:41.868464
>>>

图 11-8 使用 datetime.now() 方法获取当前时间

还可以使用 datetime 模块中的 datetime.today() 方法获取今天的时间，并单独获取对应的年、月、日，程序如下：

```
# 导入 datetime 模块
import datetime
today = datetime.datetime.today()
print(today)
print(today.year, today.month,today.day)
```

程序运行结果如图 11-9 所示。

2020-05-20 15:22:46.872561
2020 5 20
>>>

图 11-9 使用 datetime.today() 方法获取当前时间

datetime 模块还支持基于时间的计算，例如下面的程序：

```
# 导入 datetime 模块
import datetime
today = datetime.date.today()
print(today)
# 时间向前推一天
one = datetime.timedelta(days =1)
yesterday = today − one
print(" 昨天的日期是：", yesterday)
# 时间向后推一天
tomorrow = today + one
print(" 明天的日期是：", tomorrow )
# 时间向后推一个月
month = one * 31
next_month = today + month
print(" 下个月的今天的日期是：", next_month)
```

程序运行结果如图 11-10 所示。

2020-05-20
昨天的日期是： 2020-05-19
明天的日期是： 2020-05-21
下个月的今天的日期是： 2020-06-19
>>>

图 11-10 获取日期

datetime 模块除了可以计算时间之外，还可以直接比较时间的大小，程序如下：

```
# 导入 datetime 模块
import datetime
t1 = datetime.time(13,45,55) # 表示时间 13:35:55
t2 = datetime.time(15,30,21) # 表示时间 15:30:21
if t1< t2:
    print(" 时间较大的为： ",t2)
else:
    print(" 时间 t1 大于等于 t2")
today = datetime.date.today()
one = datetime.timedelta(days =1)
tomorrow = today + one
if today < tomorrow:
    print(" 时间较大的为： ",tomorrow)
```

程序运行结果如图 11-11 所示。

细心的读者想必发现了 datetime 模块虽然能够快速地获取详细时间，但是获取的时间内容有些多，有时候我们只想获取部分时间内容。在 datetime 模块中也可以对获取的时间进行格式化处理，例如以下程序：

```
# 导入 datetime 模块
import datetime
today = datetime.date.today()
format= "%Y-%m-%d"
date = today.strftime(format)
print(" 格式化时间为： ", date)
```

程序运行结果如图 11-12 所示。

```
时间较大的为： 15:30:21
时间较大的为： 2020-05-21          格式化时间为： 2020-05-20
>>>                              >>>
```

图 11-11 比较时间大小   图 11-12 格式化时间

在 datetime 模块中使用 strftime() 方法格式化时间时，其使用规则和 time 模块一样。

🛢 知识加油箱

date：意思为"日子、日期"，和 time 连接成为 datetime，是 Python 中用于处理时间相关问题的重要模块，其中有很多处理时间的方法。

now：意思为"现在、目前"，datetime 模块中用于获取当前时间的模块 (具体到时、分、秒)。

today：意思为"今日，当今"，datetime 模块中用于获取今天时间的方法。

11.5 操作文件的 os 模块

正常情况下，我们会使用鼠标、键盘去打开、操作存储在计算机上的文件，这是因为开发人员为了方便用户的操作，已经提前将很多的程序功能写好存储在计算机系统中，以降低计算机的使用难度。在 Python 中有一个 os 模块可以直接通过代码操作文件，例如以下 os 模块中几个常见的方法：

```python
# 导入 os 模块
import os
nowpath = os.getcwd() # 获取当前的文件路径
path = os.mkdir(" 文件夹名 ") # 创建文件夹的名字
file = os.open("test.txt", os.O_RDWR) # 以读写的形式打开 test.txt 文件
os.write(file, "hello") # 往打开的文件中写入内容 hello
os.close() # 关闭打开的文件
os.rename("test.txt", "123.txt") # 将 test.txt 文件重新命名为 123.txt
os.remove("123.txt") # 将 123.txt 文件删除
os.removedirs() # 删除多级文件夹
```

除了上面一些常见的方法之外，在 os 模块中还有一个 path 子模块专门用于处理文件在计算机中的存放路径问题。我们在计算机中的同一个位置不能创建两个同名的文件夹或文件，所以在利用程序创建文件前先要判断文件是否存在，如果存在则不需要重新创建，反之需要重新创建。以在文件夹 test 下创建 1.txt 为例，对应的具体代码如下：

```python
# 导入 os 模块
import os
path = "test "
if not os.path.exists(path): # 判断文件夹 test 是否存在
    os.mkdir(test)
f = open(f+"/1.txt")  # 在文件夹 test 下创建 1.txt 文件
```

os.path.exists() 用于判断填入的文件路径是否存在，如果存在则返回 True，否则返回 False。除此之外，os 模块中的 path 子模块还有以下几个常用的方法：

```python
# 导入 os 模块
import os
os.path.abspath(path) # 获取绝对路径
os.path.basename(path) # 获取路径中的文件名部分
os.path.dirname(path) # 获取路径中的文件夹名称
```

```
os.path.isfile(path) # 判断路径中是否为一个文件
os.path.getctime(path) # 获取文件创建的时间
os.path.getmtime(path) # 获取文件最近修改时间
os.path.getsize(path) # 获取文件的大小
```

路径指的是文件在计算机中的存储位置，绝对路径指的是 xx 盘 x 文件夹 x 子文件夹中的文件，相对路径指的是相对于当前文件所在的位置，例如要使用程序获取计算机桌面上的 test 文件夹下的 1.txt 文件的路径，如果这个程序文件也在桌面上，那它的绝对路径为桌面的路径（一般为 C:\Users\Administrator\Desktop\）+ test\1.txt，而相对路径为 test\1.txt。一般来说，绝对路径比相对路径长，而且表示的是文件在计算机中存储的具体位置，而相对路径较为灵活。

知识加油箱

path：意思为"路径、路线"，是 os 模块中一个常用的子模块，该模块中有很多用于处理文件路径问题的方法。

getcwd：在 os 模块中用于获取当前文件的路径。

abspath：在 os 模块中用于获取文件的绝对路径。

dirname：在 os 模块中用于获取文件路径中文件夹的名称。

basename：在 os 模块中用于获取文件路径中文件的名称。

exists：意思为"存在、出现"，在 os.path 模块中用于判断文件是否已经存在。

file：意思为"文件、档案"，与 is 连接，是 os.path 模块中用于判断路径是否为文件的方法。

size：意思为"大小、尺寸"，与 get 连接，是 os.path 模块中用于获取路径对应文件大小的方法。

在 Python 中还有很多功能强大的第三方模块，例如 Python 文件读写涉及的 xlrd、xlwt、csv 等模块，游戏化编程代表库 pygame，图形化编程的代表 turtle，网络爬虫库 re、requests、urllib 等，机器学习库 numpy、pandas、sklearn 等。这些模块都是非常流行且常见的，在后面的章节将详细介绍这些模块的使用方法。

11.6 动手试一试，更上一层楼

1. 下面关于模块的说法正确的是（　）。

A. 一个模块中可以有多个方法，一个方法也可以对应多个模块

B. 在程序中使用模块时必须要先使用 import 导入

C. 一个模块只能有一个方法

D. Python 中有很多个模块，每一个模块都是一个 Python 文件

【答案】B、D。

2. 下面哪个模块可以获取当前的时间戳（ ）？

A. time　　　　　　B. datetime　　　　　　　C. strftime()　　　　　　D. time.sleep()

【答案】A。

3. 补全下面的代码，使得程序运行结果为当前时间，格式为"年－月－日　时：分：秒"，例如 2021-04-27　17:45:07。

```
import time
# 获取时间戳
now = time.time()
# 时间集合
local = time.localtime(now)
# 格式化处理时间
tmp =_____
print(" 当前时间为：", tmp)
```

【答案】time.strftime("%Y-%m-%d %H:%M:%S", local)。

4. 下面可以获取时间集合的方法是（ ）。

A. time　　　　　　B. date()　　　　　　　C. sleep()　　　　　　D. localtime()

【答案】D。

5. 补全下面的代码，使其能够获取程序运行所花的时间。

```
import time
# 获取时间戳
_____
print(" 我就是个测试时间的程序 ")
_____
t = _____
print(" 程序运行时间为：", t)
```

【答案】

```
start= time.process_time() # 或 time.time()
end = time.process_time() # 或 time.time()
t = start-end
```

6. 下面的（ ）方法可以获取当前时间，样式如 2020-05-20。

A. datetime.datetime.now()　　　　　　B. datetime.datetime.today()

C. time.datetime.time()　　　　　　　　D. datetime.date.today()

【答案】D。

7. 补全下面的代码，使得程序将用户输入的内容一个字一个字地输出，并且每次输出间隔 0.1 秒。

```
import time
user = input()
for i in user:
    _____
    _____
```

【答案】

```
print(i, end=" ")
time.sleep(0.1)
```

8. 下面可以用来创建文件夹的方法是（　　）。

A. os.mkdir()　　　　　　　　　B. os.rename()

C. os.path.abspath()　　　　　D. os.getcwd()

【答案】A。

9. 下面可以用来获取文件的路径的方法是（　　）。

A. os.getcwd()　　　　　　　　B. os.path.abspath()

C. os.isfile()　　　　　　　　　D. os.remove()

【答案】A、B。

10. 分别说出下面每个方法的功能。

（1）os.path.getsize()　　　　（2）os.path.getctime()

（3）os.remove()　　　　　　　（4）os.getmtime()

（5）os.rename()　　　　　　　（6）os.write()

【答案】（1）获取文件的大小；（2）获取文件的创建时间；（3）删除指定文件；
（4）获取文件最后修改的时间；（5）文件重命名；（6）文件写入内容。

11. 使用程序在桌面上创建一个名为 test 的文件夹，然后在这个文件夹中新建一个 1.txt 的文件，最后在这个文件中写下"学习 Python 模块知识"这句话。

【答案】

```
import os
path = "test "
if not os.path.exists(path):  # 判断文件夹 test 是否存在
    os.mkdir(test)
f = open(f+"/1.txt")  # 在文件夹 test 下创建 1.txt 文件
f.write(" 学习 Python 模块知识 ")
f.close()
```

第

12

章

文件读写

在我们使用的计算机中存储着多种多样的文件，如图片文件、视频文件、音乐文件、Word 文件、记事本文件、Python 文件等。就拿创建一个 Word 文件来说，我们只需要新建一个空白文件，然后输入内容，最后保存，就得到了一个新的文件。这些操作是计算机根据我们的操作调用内部的程序实现的，本章将详细介绍如何使用程序来操作文件。

12.1 文件的本质

在计算机中一切皆为文件，图片、视频、音乐、软件、文档、系统等都是文件。文件通常被分为文本文件和二进制文件。文本文件是基于字符编码的文件，它里面的每一个字符都有一个对应的编码，以保证在任何一个操作系统下文本的解释和对应的编码都是一样的，常见的编码类型有 ASCII、GBK、GB 2312—1980、Unicode、UTF-8。

ASCII 是美国制定的信息交换编码，一共有 128 个字符。例如字母 A 的 ASCII 值为 65，数字 1 的 ASCII 值为 49，更多的 ASCII 值可以查看本书附录。

GB 2312—1980 是我国第一套汉字编码标准，共收录 6763 个汉字以及拉丁字母、希腊字母等 682 个全角字符。它与 ASCII 是完全兼容的，也就是说两者可以同时在一个文件中出现。目前 Windows 操作系统中的很多文件就是依据 GB 2312—1980 进行编码的。

Unicode 是一个全球统一的编码字符集合，它覆盖了全世界所有的语言和符号，为每一个字符分配一个字符编码。Unicode 字符集中的字符有很多不同的编码格式，其中 UTF-8 是目前运用非常广泛的一种编码格式。

UTF-8 包含了大部分常用的中文汉字、符号，比 GBK 字库更大，而且很多语言能够直接支持 UTF-8，也是目前大部分网站网页文件使用的编码格式。

二进制文件中的内容不仅包含了 ASCII 值，还包含了其他字符编写的数据，例如常见的可执行文件（软件安装包、.exe 文件等）、图片、视频、音频等。虽然文件可以分为二进制文件和文本文件，但是这两类文件在计算机中都是以二进制的形式进行存储的，即由 0和 1 组成。

想一想，议一议

为什么用 0 和 1 表示计算机中的文件内容呢？

0 和 1 对应生活中的开和关两种状态，计算机内部也充满了各种电路，通过 0 和 1 不同的组合模拟数字信号。在程序中，0 表示判断条件不成立，1 表示判断条件成立。

在计算机中通过使用不同的扩展名表示不同种类的文件，例如图片文件的扩展名有 .png、.jpg、.gif 等，视频文件的扩展名有 .mp4、.mov、.avi 等。除了种类不同之外，文件的大小也不一定相同，在计算机中最小的存储计量单位是 Byte（简称 B，字节），1B 可以存储一个字母、一个数字或是一个标点符号。通常情况下一个汉字占 2B，1B 又由

8bit（位）组成。除了 bit、B 之外，计算机中表示文件大小的单位还有 KB、MB、GB、TB、PB 等，它们之间的换算关系如下：

1B = 8bit

1KB = 1024B

1MB = 1024KB

1GB = 1024MB

1TB = 1024GB

1PB = 1024TB

通常情况下，一张表情包图片的大小为几十到几百千字节，一本 500 万字的电子小说的大小约为 5MB，一首无损歌曲的大小为十几兆字节，一部高清好莱坞大片的大小为 1 ~ 2GB，一个图书馆所有的资料转化为电子版之后大概为 1TB，阿里巴巴每天需处理的数据则以 PB 为单位。程序工程师们利用程序对众多数据进行分析，找出其背后的规律，为客户提供更好、更精准的服务。

12.2 进制转换

计算机中的所有文件都是以二进制的形式进行存储的，但是在记数方面，除了二进制之外，还有很多其他的进制，例如四进制、八进制、十进制、十六进制等。其中十进制是我们生活中常用的进制，它的规律为满十进一（也就是说运算过程中，满十时要向前进一位），同样，二进制满二进一、四进制满四进一、八进制满八进一、十六进制满十六进一等。进制之间可以相互转换，下面以十进制数 121 转换为二进制数为例，计算过程如下：

（1）将 121 除以 2 得到结果 60 余 1；

（2）将结果 60 作为被除数继续除以 2 得到结果 30 余 0；

（3）重复步骤（2），将每次除法运算得到的商作为被除数再进行运算，直到商小于 1 时停止运算；

（4）获取每次运算得到的余数并将其逆序排列，得到的结果即为转换后的二进制数。

对应的计算流程如图 12-1 所示。

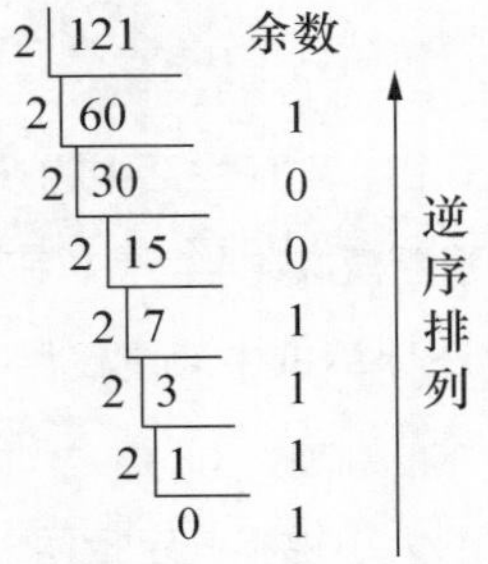

将每次运算得到的余数逆序排列，得到的结果为

图 12-1　十进制转换为二进制

1111001。同样的道理，十进制数 121 转换为对应的四进制、八进制、十六进制数的计算流程如图 12-2 所示。

图 12-2　十进制转换为其他进制

想一想，议一议

十进制数 31、181 转换为十六进制的结果分别是多少呢？

按照上面讲解的方法先将 31 除以 16 得到商为 1、余数为 15，然后 1 除以 16 得到商为 0、余数为 1，最后按照余数逆序排列的原则得到结果 115；再来计算 181，同样先计算 181 除以 16 得到商为 11、余数为 5，然后 11 除以 16 得到商为 0、余数为 11，根据余数逆序排列的原则得到的结果也为 115。然而明显这两个十进制数不同，自然得到的十六进制数也不可能相同。在这里要注意了，十六进制不同于其他进制，使用时余数取值范围为 0 ~ 15，且每个余数只能占一位。为了避免出现上面这种情况，使用 a ~ f（不区分大小写）表示余数 10 ~ 15，所以数字 31 对应的十六进制数为 1f，181 对应的十六进制数为 b5。

除了十进制可以转换为其他进制之外，其他进制也可以转换为十进制。以二进制 1111 转换为十进制为例，十进制满十进一，二进制满二进一，如图 12-3 所示。

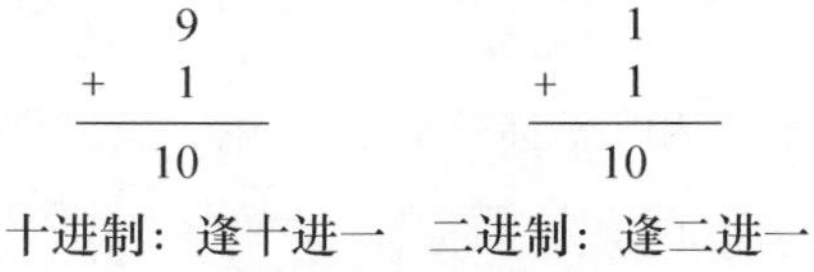

十进制：逢十进一　二进制：逢二进一

图 12-3　进位规律

根据二进制的进位规则，1111=1000+100+10+1，二进制数 1 对应的十进制数也是 1；二进制数 10 对应的十进制数为 2；二进制数 100 是两个 10 相加，对应的十进制数为 4；二进制数 1000 为两个 100 相加，对应的十进制数为 8，整理之后如图 12-4 所示。

二进制：1111 ＝ 1000 ＋ 100 ＋ 10 ＋ 1

十进制：　　　8 ＋ 4 ＋ 2 ＋ 1 ＝ 15

图 12-4　二进制转换为十进制

最终二进制数 1111 对应的十进制数为 15，虽然通过拆分的方法计算出了结果，但是计算过程较为复杂。这里有一种简单的方法，对比图 12-4 中的二进制数和对应的十进制数可以发现，二进制数的对应十进制数可以用数（每一位上的数）×2 的位（从右往左，位数从 0 开始依次递增）次方之和计算得到。以二进制数 1111 转换为十进制数为例，计算过程如下：

$$1 \times 2^0 + 1 \times 2^1 + 1 \times 2^2 + 1 \times 2^3 = 1+2+4+8=15$$

计算式子中的 1 为二进制中从右往左的每一位数字，2 代表的是进制数，次方代表的是从右往左各数字的位置（从 0 开始）。

同样，如果是二进制数 101011 转换为十进制数，其计算过程如下：

$$1 \times 2^0 + 1 \times 2^1 + 0 \times 2^2 + 1 \times 2^3 + 0 \times 2^4 + 1 \times 2^5 = 1+2+0+8+0+32=43$$

不仅二进制转换为十进制有这样的规律，其他进制转换为十进制也有这样的规律，例如四进制数 123、八进制数 567、十六进制数 1A3 转换为对应的十进制数的计算过程如下：

$$123 = 3 \times 4^0 + 2 \times 4^1 + 1 \times 4^2 = 3+8+16=27$$

$$567 = 7 \times 8^0 + 6 \times 8^1 + 5 \times 8^2 = 7+48+320=375$$

$$1A3 = 3 \times 16^0 + 10 \times 16^1 + 1 \times 16^2 = 3+160+256=419$$

在上面计算的例子中，十六进制数转十进制数时，需要先将字母转换为对应的数字，然后再进行计算。

12.3 文件的读取

和用鼠标操作文件一样，无论是查看还是修改文件中的内容，第一步都是打开文件。通常情况下，我们打开计算机上的文件时，只需要双击对应的文件即可。在程序中可以使用 open() 函数打开文件，它的使用方式如下：

```
open(" 文件路径 ", 模式 )
```

在 open() 函数中有两个参数：第一个参数文件路径指的是文件在计算机中的存储位置；第二个参数模式是指文件读写的模式，也就是能够对文件进行的操作，在计算机中有些文件只能查看，不能修改或者删除。例如计算机 C 盘里面存储的是系统文件，为了保证系统的正常运行，系统文件默认情况下不能够被删除，而其他一些文件是可以被查看、修改、删除的。如果想了解一个文件能够允许几种操作，可以在选中文件之后右击鼠标，查看属性中的详细信息，如图 12-5 所示。

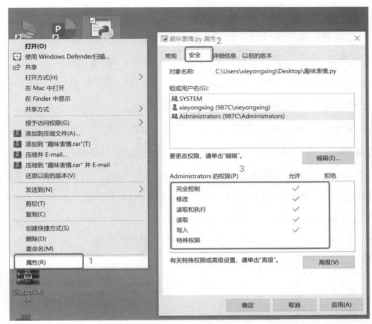

图 12-5 文件属性

使用程序操作文件的模式有以下几种。

w：以只写的模式打开文件（只能往文件中写入内容）。如果要打开的文件不存在，程序会自动在指定的位置创建新文件；如果这个文件存在，则会先清除文件里原有的内容，然后再写入新的内容。

w+：以可读写的模式打开文件（既可以往文件中写入内容，也可以读取文件中的内容）。如果要打开的文件不存在，程序会自动在指定的位置创建新文件；如果这个文件存在，则会先清除文件里原有的内容，然后再写入新的内容。

r：以只读的模式打开文件（只能读取文件中的内容）。前提是要打开的文件存在，否则程序会报错。

r+：以可读写的模式打开文件（既可以往文件中写入内容，也可以读取文件中的内容）。同样，要打开的文件必须存在，这里的写入文件和 w 模式一样，会将文件中原有的内容覆盖。

a：以追加的模式打开只写文件（只能往文件中写入内容）。如果文件不存在，程序会自动在指定的位置创建新文件。在往文件中写入内容时，如果文件里原本有内容，则会在原有内容的基础上追加内容。

a+：以追加的模式打开可读写文件（既可以往文件中写入内容，也可以读取文件中的内容）。如果文件不存在，程序会自动在指定的位置创建新文件。在往文件中写入内容时，如果文件里原本有内容，则会在原有内容的基础上追加内容。

除了上面这几种常见的操作文件的模式，还有一些操作二进制文件读写的模式。

wb：和 w 模式类似，只不过这里写入文件的内容是二进制内容。

wb+：和 w+ 模式类似，可以读取二进制文件的内容和往文件中写入二进制内容。

rb：和 r 模式类似，只能读取二进制文件中的内容。

rb+：和 r+ 模式类似，可以读取二进制文件的内容和往文件中写入二进制内容。

ab：和 a 模式类似，可以在二进制文件原有内容的基础上追加内容。

ab+：和 a+ 模式类似，既能读取二进制文件内容，也能往二进制文件中追加内容。

以只读模式 r 打开一个与程序在同一文件夹下的 test.txt 文件（该文件中写有一句话："这是一个 Python 测试文件"）为例，程序如下：

```
# 打开文件
file = open("test.txt","r")
print(file)
```

程序运行结果如图 12-6 所示。

```
=
<_io.TextIOWrapper name="test.txt" mode="r" encoding="cp936">
>>>
```

图 12-6　打开文件

程序输出的并不是文件中的内容（"这是一个 Python 测试文件"），open() 函数的作用是将要使用的文件加载到程序中，因此使用 print() 函数输出的是一长串关于文件的信息，包含名称、读写方式、编码格式（cp936 也就是 GBK 编码格式）。要获取文件中具体的内容还需要使用一个 read() 函数，可以在上面代码的基础上编写如下代码：

```
# 读取文件内容
result = file.read()
print(" 文件内容为： " + result)
```

程序运行结果如图 12-7 所示。

```
=
<_io.TextIOWrapper name="test.txt" mode="r" encoding="cp936">
Traceback (most recent call last):
  File "C:\Users\  ■■ ■■ \Desktop\文件操作.py", line 3, in <module>
    result = file.read()
UnicodeDecodeError: 'gbk' codec can't decode byte 0x80 in position 8: illegal mu
ltibyte sequence
>>>
```

图 12-7　读取文件

程序报错，错误信息为由于打开的文件是 GBK 编码格式，与原有的文件编码格式不一致，因此不能读取文件中的具体内容。为修正这个错误，可以在 open() 函数的括号中增加 encoding="utf-8"，以指定加载文件到程序中使用编码格式 UTF-8，完整程序如下：

```
# 打开文件
file = open("test.txt","r",encoding="utf-8")
# 读取文件
result = file.read()
print(result)
```

在 open() 函数中指定加载进程序中的文件编码格式为 UTF-8，与文件本身的编码格式一致之后，程序以字符串的形式将文件中的所有内容输出。

除了上面那种打开并读取文件内容的方式外，还可以使用下面这种方式打开并读取文件内容：

```
# 打开文件
with open("test.txt", "r",encoding="utf-8") as f:
    result = f.read() # 读取文件
    print(result)
```

使用 with open() 的方式同样也能打开文件，实现同样的效果。

在读取文件内容时，read() 函数会将文件中的所有内容一次性以字符串的形式读取出来，当文件较大时程序读取耗费时间较长。在我们不需要读取整个文件的内容，只需要获取其中部分内容时，使用 read() 函数把文件的所有内容都读取出来是没有必要的。为了解决这类问题，Python 中还提供了以行为读取单位的 readline() 函数和 readlines() 函数，以读取与程序文件在同一文件夹下的 test.txt（重复 5 行的"这是一个 Python 测试文件"）为例，对应的程序如下：

```
# 打开文件
file = open("test.txt","r",encoding="utf-8")
# 只读取文件中的第一行
line = file.readline()
print(line)
# 以行为单位读取文件内容
lines = file.readlines()
print(lines)
```

程序运行结果如图 12-8 所示。

这是一个Python测试文件

["这是一个Python测试文件\n","这是一个Python测试文件\n","这是一个Python测试文件\n","这是一个Python测试文件"]
>>>

图 12-8　以行为单位读取文件

readline() 函数只能获取文件中的第一行内容，而 readlines() 函数则以行为单位读取文件内容，每一行作为一个元素放在列表中。上面的程序可以使用 with open() 改写成如下形式：

```
# 打开文件
with open("test.txt","r",encoding="utf-8") as f:
    line = f.readline()# 只读取文件中的第一行
    print(line)
    lines = f.readlines() # 读取文件中的所有行
    for i in lines:
        print(i)
```

程序运行结果如图 12-9 所示。

这是一个Python测试文件

这是一个Python测试文件

这是一个Python测试文件

这是一个Python测试文件

这是一个Python测试文件
>>>

图 12-9　按行输出内容

由图 12-9 可见，程序运行结果是换行输出的，对比直接在列表中显示的内容，这里少了 \n，\n 是换行符。

知识加油箱

open：意思为"打开、开启"，在程序中用于打开文件。可以使用参数 encoding 指定打开文件的编码格式。

read：意思为"阅读、查阅"，在程序中用于读取文件内容。读取的文件内容是以字符串的形式呈现出来的。

line：意思为"线条、界线"，在程序中可以使用 readline() 函数获取文件中的第一行内容，readlines() 函数则以行为单位读取文件中的内容，每一行内容作为一个独立的元素放入列表中。

with：意思为"同、使用"，在程序中与 open() as 一起用于打开文件。

as：意思为"当作、作为"，在程序中与 with open() 组合使用，为加载到程序中的文件取一个别名。

在使用 open() 函数打开文件时，一定要注意文件本身的编码格式，在 Windows 操作系统中默认采用 GBK 编码格式将文件加载到程序中，极容易造成程序读取内容时出错。为了避免这种情况发生，在 open() 函数中设置参数 encoding 的值为"utf-8"，指定文件按照 UTF-8 编码格式进行处理。

12.4 写文件

程序除了可以读取文件中的内容外，还可以创建文件，并在创建的文件中写入内容。和读取文件的操作一样，写文件时先要使用 open() 函数按照指定的模式打开文件，例如使用程序创建一个名为 tt.txt 的文件，对应的程序如下：

```
# 打开文件
file = open("tt.txt","w")
```

在程序中，使用 open() 函数以只写的模式打开 tt.txt 文件。如果 tt.txt 原来是不存在的，执行这行代码之后会自动生成一个 tt.txt 文件；如果 tt.txt 已经存在并且文件中已有内容，运行程序之后文件中原有的内容将被清空。如果不想原有的内容被清空，可以将代码中的 w 改成 a，这时候就可以在原来内容的后面追加新的内容。

使用 open() 函数打开文件之后，再使用 write() 函数往文件中写入内容。除此之外还需加上一个 close() 函数将修改后的文件关闭，否则写入的内容将无法被保存下来。例如在上面程序的基础上，往创建的 tt.txt 文件中写入"这是一个写文件测试"，对应的代码如下：

```
# 写入内容
file.write(" 这是一个写文件测试 ")
# 关闭文件
file.close()
```

将打开文件并写入内容的程序转换为 with open() 形式，代码如下：

```
# 打开文件
with open("tt.txt","w") as f:
    f.write(" 这是一个写文件测试 ")
```

在使用 with open() 的情况下，可以不用写 close() 函数关闭文件，程序会在操作完文件之后自动将文件关闭。

使用 write() 函数可以每次往文件中写入一行内容，还可以使用 writelines() 函数一次往文件中写入多行内容。例如往文件 tt.txt 中一次性写入 3 行"这是一个写操作"，程序实现如下：

```
# 打开文件
with open("tt.txt","w") as f:
    lines = [" 这是一个写操作 \n", " 这是一个写操作 \n"," 这是一个写操作 "]
    f.writelines(lines)
```

在程序中，将要写入文件的多行内容放入列表（\n 为换行符），然后使用 writelines() 函数一次性将内容写入文件。

知识加油箱

write：意思为"书写、写字"，在程序中用于往打开的文件中写入内容。使用 writelines() 函数可以一次性写入多行内容。

close：意思为"关闭、合上"，在使用 write() 函数往文件中写入内容时，最后要使用 close() 函数关闭已经打开的文件，否则写入的内容将不能被保存下来。如果是使用 with open() 打开文件，则可以不用 close() 函数关闭文件，写入的内容会在程序操作完成之后自动被保存下来。

12.5 操作 Word 文档

在使用计算机的过程中，基本每一个人都会用到办公软件 Office（包含 Word、Excel、PPT），其中 Word 是用来编辑文字的工具。和上面操作 TXT 文档一样，程序也可以用来操作 Word 文档。

要想程序能够操作 Word 文档，先要安装一个名为 python-docx 的第三方模块。它类似于我们之前学习的 random 模块，不同的是这个模块不是 Python 自带的，所以在使用之前要自己安装，步骤如下。

（1）同时按 Windows 键（键盘左下角 Alt 键和 Ctrl 键之间的那个带窗口图案的键）和 R 键调出运行对话框，然后在这个对话框中输入 cmd，单击"确定"按钮，如图 12-10 所示。

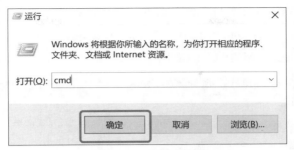

图 12-10　运行对话框

（2）在弹出的 cmd 窗口中输入指令 pip install python-docx –i https://pypi.tuna.
tsinghua.edu.cn/simple/，然后按 Enter 键等待安装成功，效果如图 12-11 所示。

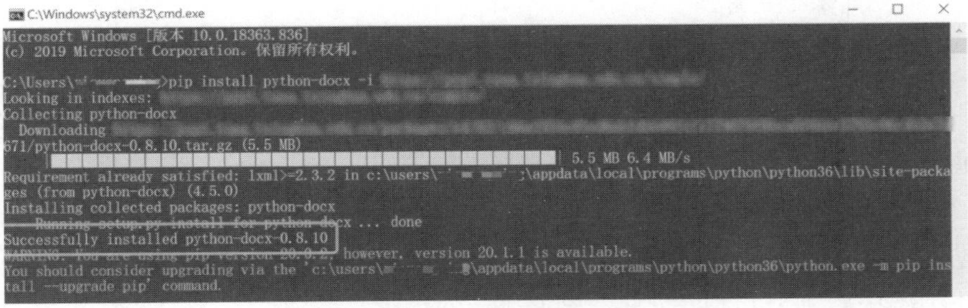

图 12-11　安装 python-docx

（3）测试是否真的安装成功。在窗口中输入 python 进入 Python 环境，然后输入
import docx 之后按 Enter 键，如果程序没有报错说明已经安装成功，否则安装失败，如
图 12-12 所示。

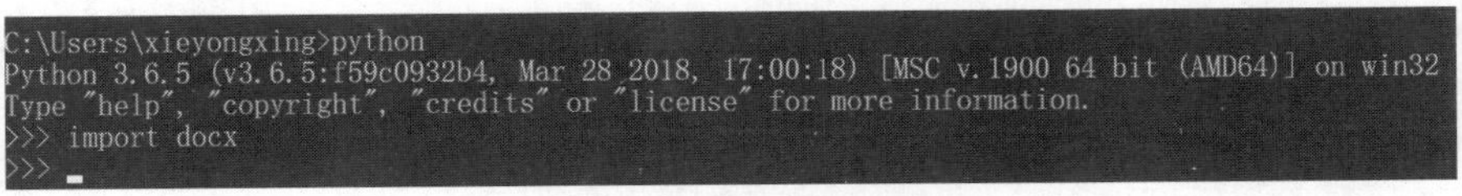

图 12-12　验证是否安装成功

在安装成功之后，下面我们就来使用这个模块创建一个名为"测试 .docx"的 Word
文档，具体程序如下：

```python
import docx # 导入 docx 模块
doc = docx.Document() # 创建一个文档对象
# 创建标题
doc.add_heading(" 一级标题 ", level=0)
doc.add_heading(" 二级标题 ", level=1)
doc.add_heading(" 三级标题 ", level=2)
doc.save(" 测试 .docx") # 保存文件
```

在使用程序创建 Word 文档之前，先要使用 Document() 创建一个文档对象，然后才能进行相关的操作。设置 add_heading() 方法的 level 参数（从 0 开始），可以创建不同层级的标题。程序运行之后实现的效果如图 12-13 所示。

图 12-13　创建 Word 文档

有了标题之后，再来使用程序添加正文内容。Word 文档中的正文由若干个段落组成，例如在上面程序的基础上创建两个段落：

```
# 创建段落
p1 = doc.add_paragraph(" 这是第一个段落：")
# 添加文字
p1.add_run(" 人生苦短，我用 Python，互联网时代背景下，程序以后就像英语一样，每个人都应该学一点。这是属于第一段的内容！")
p2 = doc.add_paragraph(" 这是第二个段落")
doc.save(" 测试 .docx") # 保存文件
```

程序运行结果如图 12-14 所示。

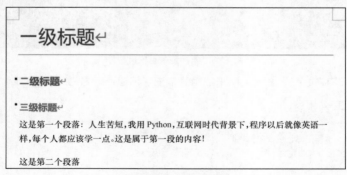

图 12-14　创建段落

除了可以使用程序在 Word 文档中添加标题、正文外，还可以添加无序列表、有序列表、表格，对应的代码如下：

```
# 创建无序列表
doc.add_paragraph(" 无序列表 ", style="List Bullet")
# 创建有序列表
doc.add_paragraph(" 有序列表 ", style="List Number")
# 创建表格
tab = doc.add_table(rows==1,cols=3, style="Table Grid") # 创建第一行表头
tab.rows[0].cells[0].text = " 学号 " # 第一行第一列
tab.rows[0].cells[1].text = " 姓名 " # 第一行第二列
tab.rows[0].cells[2].text = " 性别 " # 第一行第三列
# 批量添加信息
info = (("001"," 张三 "," 男 "),("002"," 李四 "," 男 "),("003"," 小红 "," 女 "))
for i,j,z in info:
    cells = tab.add_row().cells
    cells[0].add_paragraph(text=i)
    cells[1].add_paragraph(text=j)
    cells[2].add_paragraph(text=z)
doc.save(" 测试 .docx") # 保存文件
```

程序运行之后，实现的效果如图 12-15 所示。

- 无序列表 1
- 无序列表 2
- 无序列表 3

1. 有序列表 1
2. 有序列表 2
3. 有序列表 3

学号	姓名	性别
001	张三	男
002	李四	男
003	小红	女

图 12-15　添加列表和表格

使用程序不仅可以在 Word 文档中添加内容，还可以编辑文字和段落的样式，例如字体的大小、粗细、正斜体、颜色，段落对齐方式。其中改变字体的颜色、大小需要用到 docx 模块中子模块 shared 的 Pt()、RGBColor() 方法，段落对齐要使用到 docx 模块中 enum.text 的 WD_ALIGN_PARAGRAPH（LEFT、CENTER、RIGHT 分别表示左对齐、居中对齐、右对齐），对应的具体程序如下：

```
import docx
from docx.shared import Pt, RGBColor # 设置字体大小、颜色
from docx.enum.text import WD_ALIGN_PARAGRAPH # 设置段落对齐方式
```

```
doc = docx.Document() # 创建一个文档对象
p2 = doc.add_paragraph(" 这是第二个段落 ")
# 修改格式
p2.add_run(" 字体大小 ").font.size = Pt(50) # 设置字体字号为 50，数字越大，字体
越大
p2.add_run(" 字体加粗 ").bold=True
p2.add_run(" 斜体字 ").italic =True
p2.add_run(" 改变颜色 ").font.color.rgb=RGBColor(0,255,0) # 使用 RGB 的方式
设置颜色
p3 = doc.add_paragraph(" 这是第三个段落 ")
p3.paragraph_format.alignment = WD_ALIGN_PARAGRAPH.CENTER # 设置
居中对齐
doc.save(" 测试 .docx") # 保存文件
```

程序实现的效果如图 12-16 所示。

这是第三个段落↵

图 12-16　设置字体样式

上面是设置文档中局部文字的字体、段落样式，文档整体的样式也是可以做相应设置的，例如创建一个名为 Python.docx、字体大小为 20、居中对齐、字体为红色加粗宋体的文档，具体程序如下：

```
import docx
from docx.shared import Pt, RGBColor # 设置字体大小、颜色
from docx.enum.text import WD_ALIGN_PARAGRAPH # 设置段落对齐方式
doc = docx.Document() # 创建一个文档对象
style = doc.styles.add_style(" 自定义格式 ", 1)
style.font.size = Pt(20) # 字体大小 20
style.font.bold = True # 加粗
style.font.color.rgb = RGBColor(255,0,0) # 字体红色
style.paragraph_format.alignment =WD_ALIGN_PARAGRAPH.CENTER # 居
中对齐
style.font.name = " 宋体 "
doc.add_paragraph(text=" 全局设置格式 ",style=style)
doc.save("Python.docx")
```

上面介绍的都是关于如何使用程序往 Word 文档中写入内容，接下来介绍如何使用程序获取 Word 文档中的内容，以获取上面程序创建的文件"测试 .docx"中的内容为例，程序如下：

```
import docx
name = " 测试 .docx"
doc = docx.Document(name)
# 按段落来获取内容
paras = doc.paragraphs
for p in paras:
    print(p)
# 获取表格中的内容
tabs = doc.tables
num = len(tabs) # 获取文档中表格的个数
for t in tabs:
    for row in t.rows: # 获取每一行内容
        for cell in row.cells: # 获取每一行中每一列的内容
            print(cell.text)
```

以上就是使用程序操作 Word 文档的相关方法。值得注意的是，程序在运行的过程中，不要打开被程序操作的 Word 文档，不然程序会报错。

知识加油箱

document：意思为"文件、文档"，在程序中用于创建一个文档对象，便于后面创建一个新的 Word 文档或打开已有的 Word 文档。

paragraph：意思为"段落、段"，程序中的 add_paragraph() 方法用于创建一个新的段落。

format：意思为"格式、版本"，程序中的 paragraph_format.align() 方法用于指定对齐方式，WD_ALIGN_PARAGRAPH.LEFT、WD_ALIGN_PARAGRAPH.CENTER、WD_ALIGN_PARAGRAPH.RIGHT 分别为左对齐、居中对齐、右对齐。

font：意思为"字体、字形"，程序中的 font.size 用于设置字体的大小。

table：意思为"桌子、表格"，程序中可以通过设置 add_table() 方法中的参数创建指定行、列数的表格。

row：意思为"一行、一排"，程序中可以使用 rows 获取 Word 文档中以行为单位的内容。

cell：意思为"单间、细胞"，程序中可以使用 cell 获取 Word 文档表格中的具体内容。

12.6 操作 Excel 表格

Excel 作为 Office 软件中专门处理表格的软件，因强大的表格处理功能而被人们广泛运用，但是当表格中的数据量很多时（10000 条以上）会影响 Excel 打开的速度，那如何解决这个问题呢？可以使用 Python 程序打开并获取 Excel 文件中的内容，同使用程序处理 Word 文档一样，需要安装一个第三方模块 openpyxl。安装步骤和之前安装 python-docx

的步骤一样，打开 cmd 窗口输入 pip install openpyxl–i https://pypi.tuna.tsinghua.edu.
cn/simple/，然后按 Enter 键，等待安装成功。

我们一般把 Excel 文件叫工作簿，一个工作簿中可以有很多张表格，表格一般被叫作
工作表，在工作表中有很多个小格子，小格子被叫作单元格。了解这些之后，下面我们来使
用 openpyxl 模块中的方法新建一个名为 python.xlsx 的文件，程序如下：

```python
from openpyxl import Workbook # 从 openpyxl 中导入 Workbook() 方法
wb = Workbook()
wb.save("python.xlsx") # 创建并保存文件
```

程序运行之后，会自动在程序所在文件夹下创建一个名为 python.xlsx 的工作簿，在
这个工作簿里面有一张默认的空白工作表，接着我们在这张空白工作表中添加一些内容，步
骤如下。

（1）让工作簿里的工作表变得可以编辑（可添加内容）。

（2）在指定的单元格中添加内容。Excel 中的单元格位置类似于数学中的坐标，横着
的是从 A 开始的字母，竖着的是从 1 开始的数字。例如 Excel 左顶点第一个单元格可以表
示为 ["A1"]，横向第二个单元格为 ["B1"]，纵向第二个单元格为 ["A2"]。

以在 python.xlsx 工作簿中添加"测试 1、测试 2、测试 3"为例，代码如下：

```python
from openpyxl import Workbook # 从 openpyxl 中导入 Workbook() 方法
wb = Workbook()
sheet = wb.active
sheet["A1"] = " 测试 1"
sheet["B1"] = " 测试 2"
sheet["A2"] = " 测试 3"
wb.save("python.xlsx") # 创建并保存文件
```

程序运行之后，实现的效果如图 12-17 所示。

除了可以直接使用 A1 这种形式在指定位置写入数据外，还可以使用标准坐标，例如
上面程序中的 sheet["A1"]=" 测试 1" 等价于 sheet.cell(row=1,column=1,value=" 测试
1")。使用标准坐标可以更加方便地实现一次性添加大量数据的目的，例如下面的程序：

```python
from openpyxl import Workbook # 从 openpyxl 中导入 Workbook() 方法
wb = Workbook()
sheet = wb.active
for i in range(1,10): # 表示行
    for j in range(1,10): # 表示列
```

```
            sheet.cell(row=i,column=j, value=i*j)
wb.save(" 批量添加 .xlsx") # 保存数据
```

试运行上面的程序，看看会有什么效果。

使用 Python 程序不仅可以往 Excel 中写入数据，还可以读取 Excel 工作簿里的数据，例如读取上面创建的 python.xlsx 工作簿中的数据，对应的程序如下：

```
from openpyxl import load_workbook # 从 openpyxl 中导入 load_workbook() 方法
wb = load_workbook("python.xlsx") # 将要读取的工作簿加载到程序中
sheet = wb.get_sheet_by_name("Sheet") # 按照名字获取工作表
rows = list(sheet.rows) # 以行为单位获取内容
for i in rows[0]: # 获取第一行中的所有内容
      print(i.value)
print("-"*10)
cols = list(sheet.columns) # 以列为单位获取内容
for j in cols[0]:
      print(j.value) # 获取第一列中的所有内容
```

程序运行结果如图 12-18 所示。

	A	B
1	测试1	测试2
2	测试3	
3		

图 12-17　写入内容

```
=
测试1
测试2
----------
测试1
测试3
>>>
```

图 12-18　以行、列为单位获取数据

在 Python 中除了可以使用 openpyxl 模块处理 Excel 之外，还可以使用 xlrd 模块（读取 Excel 内容）、xlwt 模块（写入 Excel 内容）。同样，这两个模块也是第三方模块，在程序中使用前需要先安装，安装时在 cmd 窗口分别输入以下指令：

```
pip install xlrd -i https://pypi.tuna.tsinghua.edu.cn/simple/
pip install xlwt -i https://pypi.tuna.tsinghua.edu.cn/simple/
```

在安装成功之后，我们来讲解如何使用 xlwt 模块实现上面创建的 Python.xlsx 工作簿效果，对应的程序代码如下：

```
import xlwt # 导入 xlwt 模块
wb = xlwt.Workbook() # 创建工作簿对象
sheet = wb.add_sheet("Sheet") # 创建工作表
sheet.write(0,0," 测试 1") # 添加内容
```

```
sheet.write(0,1," 测试 2")
sheet.write(1,0," 测试 3")
wb.save("Python.xlsx")
```

使用 xlwt 模块往 Excel 工作簿中写入内容时，使用的也是标准坐标的方式。和 openpyxl 模块从 1 开始计数不同，xlwt 模块是从 0 开始计数的。

在了解了使用 xlwt 模块往 Excel 工作簿写入内容的功能之后，下面再来看看如何使用 xlrd 模块读取 Excel 中的内容，同样以读取 Python.xlsx 工作簿中的内容为例，程序如下：

```
import xlrd # 导入 xlrd
wb = xlrd.open_workbook("Python.xlsx")
sheet = wb.sheets()[0] # 获取第一个工作表
va1 = sheet.cell(0,0).value # 获得第一行第一列的值
va2 = sheet.cell(0,1).value # 获得第一行第二列的值
va3 = sheet.cell(1,0).value # 获得第二行第一列的值
print(va1, va2,va3)
```

openpyxl、xlrd、xlwt 都是第三方模块，都需要在安装之后才能使用。openpyxl 模块可以创建、读取和修改 Excel 工作簿中的内容，它的功能等于 xlrd 和 xlwt 模块的总和。

知识加油箱

active：意思为"积极的、活跃的"，在程序中使用 openpyxl 模块中的 Workbook.active 可以让 Excel 工作簿保持可编辑状态。在使用程序操作 Excel 工作簿时，不能打开对应工作簿，否则程序会报错。

sheet：意思为"被单、工作表"，在程序中可以使用 openpyxl 模块中的 get_sheet_by_name() 方法获取指定的工作表，可以使用 xlwt 模块中的 add_sheet() 在 Excel 工作簿中添加新的工作表，可以使用 xlrd 模块中的 sheets() 获取工作簿中的所有工作表。

column：意思为"柱、列"，在程序中可以通过 row 和 column 获取工作表中的某一单元格的值。

12.7 程序实例：进制任意转换

小星在学完十进制与其他进制转换的知识之后，计划编写一个程序实现任意进制与十进制相互转换的功能，具体功能设计如下：

（1）用户输入要转换的数字；

（2）提供一个功能选择的编号（1 表示十进制转换为其他进制，2 表示其他进制转换

为十进制）；

（3）如果是十进制转换为其他进制，输入要转换的目标进制，否则输入数字本身所属的进制数；

（4）根据进制转换规律处理数字；

（5）将转换得到的结果输出。

根据思路，小星画出了对应的流程图，如图 12-19 所示。

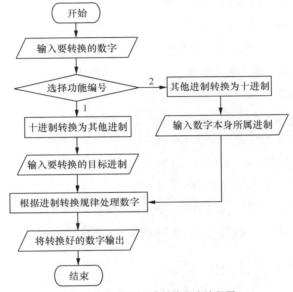

图 12-19　进制任意转换程序流程图

因为该程序包含两个功能，所以小星决定使用两个函数来区分。他根据其他进制转换为十进制的特征，拟订了如下实现步骤：

（1）将用户输入的数字和进制数转换为数字类型；

（2）将数字除以要转换的进制数，然后将每次获取到的商作为被除数一直进行除法运算，直到商为 0；

（3）把每次的余数记录下来；

（4）最后将所有的余数逆序排列并拼接获得最终的结果。

对应的代码如下：

```
# 十进制转换为其他进制
toOther(num,kd):
```

```
# 将用户输入的数字和进制数转换为数字类型
num = int(num)
kd = int(kd)
result = [] # 记录获取的余数
while num:
    num = num//kd # 获取商
    yu = str(num%kd) # 获取余数
    result.append(yu)
result = result.reverse() # 将列表中的结果逆序排列
res = "".join(result) # 转换为字符串
return res
```

在程序中使用列表 result 记录每次除法运算之后的余数，// 是取整符号（类似于数学上的只保留整数）。由于每次获取的余数在保存到列表中时是按顺序排列的，因此最后可以使用 reverse() 函数直接将列表中的数据逆序排列，最后使用 join() 函数将每个余数拼接成最后的结果返回。

在完成了十进制转换为其他进制 toOther() 函数的编写之后，小星根据其他进制转换为十进制的规律编写了 toTen() 函数，步骤如下：

（1）将用户输入的内容分散为单个数字；

（2）将每一个数字乘以进制数与位置数（从右往左，从 0 开始）的幂运算结果；

（3）将计算出来的结果相加，得到的结果即为对应的十进制数。

对应的代码如下：

```
# 其他进制转换为十进制
toTen(num,kd):
    kd = int(kd) # 转换为数字类型
    idx = 0
    length= len(num)−1
    result = 0
    while idx<len(num):
        result= int(num[length]) * kd**idx
        idx +=1
        length −=1
    return result
```

在程序中由于用户输入的进制数要参与运算，因此在运算之前要先将用户输入的进制数转换为数字类型。而且运算的时候数字的索引和参与运算的位置数是相反的，所以需要定义一个变量用于记录位置的变化。

在写好两个函数之后，接下来编写程序调用这两个函数，程序如下：

```
num = input(" 输入要转换的数字：")
chance = input("选择功能编号：1.十进制转换为其他进制 2.其他进制转换为十进制")
if chance ==1:
    kd = input(" 输入要转换的进制（2、4、8）:")
    result = toOther(num, kd)
elif chance ==2:
    kd = input(" 输入数字所属进制（2、4、8）:")
    result = toTen(num, kd)
else:
    print(" 输入的功能编号错误~ ")
print(" 程序最终转换的结果为：" + str(result))
```

12.8 动手试一试，更上一层楼

1. 下列关于文件的说法错误的是（ ）。

A. 文件通常可以被分为二进制文件和文本文件

B. 文件的编码格式多种多样

C. 文件在计算机中的存储形式可以是二进制、四进制、八进制等

D. 二进制是由 0、1 构成的

【答案】C。

2. 下列说法正确的是（ ）。

A. 文件在计算机中表示大小的最小单位为 bit

B. 1B=8bit

C. 10MB 等于 10240B

D. 生活中一张图片的大小为 2GB

【答案】B。

3. 二进制数 01101101 对应的十进制数是（ ）。

A. 109   B. 218   C. 108   D. 166

【答案】A。

4. 十进制数 31 对应的二进制、四进制、八进制、十六进制数分别是（ ）。

A.11111、331、73、115   B.11111、133、73、F1

C.11111、133、37、1F   D.11111、331、73、1F

【答案】C。

5. 已知有一个名为"信息 .txt"的文件，请补全下面的程序以获取文件中的内容。

```
file = _____
res = file.read()
print(res)
```

【答案】open(" 信息 .txt","r", encoding="utf-8")。

6. 下列说法正确的是（　　）。

A. r 模式只能读取文件内容，如果文件不存在则程序会创建新文件

B. w 模式只能用于写入文件，如果文件名不存在则程序报错

C. a+ 模式既可以用于往文件中写入内容，也可以读取文件内容

D. a+ 模式在往文件中写入内容时，会将文件原有的内容给清除

【答案】C。

7. 已知文件"测试 .txt"中有多行内容，请补充完整下面的程序，使其能够按行获取文件内容。

```
file = open(" 测试 .txt","r")
lines = _____
for line in lines:
    print(line)
```

【答案】file.readlines()。

8. 请用 with open() 方法改写下面的程序。

```
file = open(" 测试 .txt","a")
flie.write(" 测试 1\n")
flie.write(" 测试 2\n")
flie.write(" 测试 3")
file.close()
```

【答案】

```
with open(" 测试 .txt","a") as f:
    info= [" 测试 1\n"," 测试 2\n"," 测试 3\n"]
    f.writelines(info)
```

9. 下面的（　　）方法可以用于新建 Word 文档中的一个段落。

A. add_table()　　　　　　B. Document()

C. add_paragraph()　　　　D. active

【答案】C。

10. 补全下面的程序，使得在 Word 文档中创建一个 4 行 5 列的表格，并在第一行第三列添加"测试"二字。

```
import docx # 导入 docx 模块
doc = docx.Document() # 创建一个文档对象
tab = _____
_____
doc.save（" 新文件 .docx"）
```

【答案】

```
tab = doc.add_table(rows=4, cols=5, style="Table Grid") # 创建 4 行 5 列的表格
tab.rows[0].cells[2].text = " 测试 " # 第一行第三列
```

11. 请说出下面的方法名所对应的功能。

（1）font.size；（2）bold；（3）italic；（4）font.color.rgb；（5）add_paragraph；（6）paragraph_format.aligment；（7）font.name；（8）save。

【答案】（1）字体大小；（2）字体加粗；（3）斜体字；（4）字体颜色；

（5）添加新段落；（6）对齐方式；（7）字体名称；（8）保存文件。

12. 已知工作簿 python.xlsx 中有一张名为 "Sheet" 的工作表，请补全下面的程序，以获取文件中的内容。

```
from openpyxl import load_workbook # 从 openpyxl 模块中导入 load_workbook() 方法
wb = load_workbook("python.xlsx") # 将要读取的工作簿加载到程序中
sheet = _____
rows = list(sheet.rows) # 以行为单位获取内容
for row in rows: # 以行为单位

    _____
    _____
```

【答案】

```
wb.get_sheet_by_name("Sheet") # 按照名字获取工作表
for i in row:
    print(i.value)
```

第 **13** 章

制作游戏角色

　　讲到这里，相信读者对 Python 编程的大部分基础知识已经有了大致的了解，例如标准输入输出、三大基本数据结构（顺序、分支判断、循环）、变量、多种类型的数据类型（字符串、列表、字典、None 等）、函数、类对象、模块等。讲解了这些基础知识之后，接下来给大家介绍如何使用 Python 做点有趣的事。

　　在这一章中我们将接触到 Python 中一个非常有趣的游戏模块，并学习如何使用这个模块绘制游戏中的几何角色，例如绘制一条直线、一个正方形、一个球等，还会涉及一些动画，为后面的游戏开发和其他程序设计奠定基础。

13.1 游戏模块 pygame

如果要你使用之前所学的知识编写一个在计算机屏幕上绘制一条直线或是一个简单图

形的程序，是非常困难的，这中间需要编写大量的代码去控制你的计算机系统和显卡，实现过程非常复杂。这里我们可以使用一个第三方模块 pygame，通过这个模块中的很多图形相关的方法，用简单的代码即可绘制图形。

pygame 模块不是 Python 自带的模块，需要自行在 Python 中安装，安装的过程很简单，步骤如下。

（1）按组合键 Windows+X 调出任务界面，单击 Windows PowerShell（管理员），如图 13-1 所示。

（2）在弹出的管理员：Windows

图 13-1　单击 WindowsPower Shell

PowerShell 窗口中输入指令 pip install pygame –i https://pypi.tuna.tsinghua.edu.cn/simple，按 Enter 键，等待 pygame 下载安装完成。

（3）在安装完成之后，测试是否安装成功。在当前窗口中输入 python，进入 Python 环境，然后输入 import pygame。如果程序没有报错则说明已经安装成功，否则需要重新安装。安装成功的效果如图 13-2 所示。

图 13-2　pygame 模块安装成功

在 pygame 模块安装成功之后，下面就着重讲解如何使用这个模块轻松绘制图形。

13.2 一个黑色的窗口

使用 pygame 绘制图形的前提是需要一个空白的窗口，这个窗口类似于我们平时生活中画画所用的纸，使用 pygame 绘制的图形最终都在这个窗口中显示。使用 pygame 创建一个简单窗口的代码如下：

```
import pygame
pygame.init()
sc =pygame.display.set_mode()
```

运行程序以后出现了一个黑色的窗口，再选中这个窗口并拖动一下，你会发现创建的窗口刚好与计算机屏幕一样大，这是怎么回事呢？

我们来分析一下上面的程序。第一行代码是导入 pygame，在上一章讲解模块的时候提到，如果想要在程序中使用某个模块，第一步先要往程序中导入这个模块；第二行代码是模块的初始化，pygame 这个模块不同于其他的模块，在使用这个模块中的工具之前先要使用 init() 方法将模块初始化，以告诉计算机准备好使用这个模块中的工具；第三行代码用的是 pygame 模块 display 工具中的 set_mode() 方法，这个方法用来创建窗口，默认窗口的大小和计算机屏幕大小一样，可以通过设置 set_mode() 的参数来控制窗口的大小。例如创建一个宽 900 像素、高 800 像素的窗口，代码如下：

```
import pygame # 导入 pygame 模块
pygame.init() # 模块初始化
sc=pygame.display.set_mode((900,800)) # 宽 900 像素，高 800 像素
```

运行程序之后，得到图 13-3 所示的效果图。

图 13-3　创建窗口

默认情况下，创建的窗口是黑色的，可以通过代码来修改窗口的颜色。在前面代码的末尾添加下面这行代码，将窗口的颜色改为白色：

```
sc.fill([255,255,255])
```

可以看到 fill() 方法是一个设置窗口背景颜色的方法，它里面填入的参数是由 3 个数字表示的 RGB 值。RGB 值是计算机中用来表示颜色的数字（取值范围为 0 ~ 255），例如白色的 RGB 值为 (255,255,255)，黑色的 RGB 值为 (0,0,0)，试修改这 3 个数字以更改窗口的背景颜色。

窗口创建成功之后，可以尝试单击窗口右上角的关闭按钮关闭窗口，此时会发现窗口关不掉。这是因为 pygame 这个模块是用来创建游戏程序的，为了能够实时获取用户对游戏的操作，程序中使用 event loop（事件循环）时刻监控用户的操作（使用键盘、鼠标等）。在上面的程序中没有设置事件循环，程序虽然能够创建出一个窗口，但是实际上程序缺乏事件的循环监控，导致无法正常运行，所以我们要在程序中加入实现事件循环监控的代码，完整程序如下：

```
import pygame # 导入 pygame 模块
pygame.init() # 模块初始化
sc = pygame.display.set_mode((900,800)) # 宽 900 像素，高 800 像素
# 事件循环
tmp = True
while tmp:
    for event in pygame.event.get():
        if event.type == pygame.QUIT:
            tmp = False
pygame.quit()
```

此时，再来单击窗口中的关闭按钮即可实现窗口的正常关闭。在后文中将详细讲解事件监控的原理。

知识加油箱

像素：表示图像大小的一种单位。图片在放大的时候（足够大）会出现模糊的现象，可以看到图片是由一个个小方格组成的，这一个个小方格就是像素点。在生活中我们总说手机的像素越高图片就越清晰，这是因为同样大小的图片在放大到同样尺寸的情况下，像素高的图片拥有的像素点多，看起来更加自然。

game：意思为"游戏、运动"。pygame 是 Python 的一个第三方游戏模块，这个模块在

使用前需要提前安装。在这个模块中有很多制作游戏的方法。

init：意思为"最初、开始"，在程序中是pygame模块中的初始化方法，是使用pygame模块中的工具前必须要调用的方法。

display：意思为"陈列、表现"，是pygame中用于处理效果显示的子模块。在这个模块中有很多方法用于处理游戏效果的显示。

set_mode：这是display模块中生成窗口的方法，它里面可以填两个参数，分别代表窗口的宽、高。

event：意思为"事情、事件"，在程序中使用鼠标、键盘等都属于事件，第14章会进行具体讲解。

quit：意思为"停止、离开"，在程序中用于停止pygame模块程序。

RGB：R（Red红色）、G（Green绿色）、B（Blue蓝色），这3个颜色也叫三原色，通过它们之间的组合基本可以获取到所有的颜色。在计算机中，RGB是常见的颜色模式之一，可以通过修改对应的RGB值（0～255）获取不同的颜色，例如(255, 0, 0)为红色、(0, 255, 0)为绿色、(0, 0, 255)为蓝色、(0, 0, 0)为黑色、(255, 255, 255)为白色。

13.3 一条直线和一个圆

在创建好窗口之后，接下来就开始绘制图形。先从最简单的一条直线开始。可能在你看来绘制一条直线是非常简单的，但是计算机并没有这么聪明。你得告诉它绘制怎样的直线，例如直线的颜色、粗细等。除了这些基本特征之外，还必须指定在窗口中画图的起始位置和结束位置（两点确定一条直线）。下面就来讲解如何在pygame创建的窗口中确定画图的位置。

想一想，议一议

如果我让你到一个陌生的班级中找一个陌生人，我需要给你一个怎样的位置信息才能够确保你能找到这个人呢？

可以提供给你要找的那个人在第几列、第几排的信息，这样就可以确定一个具体的位置，从而找到这个人。同样，在pygame中使用坐标(x, y)来表示位置信息。在创建的窗口中，水平方向为x，垂直方向为y，x就相当于教室中的第几列，y表示教室中的第几排。窗口的左上角为原点$(0, 0)$，表示该点在水平x方向上的距离为0，在垂直y方向上的距离也为0，例如在窗口中坐标为$(350, 200)$的位置，如图13-4所示。

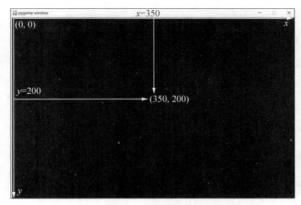

图 13-4 设置坐标

知道了如何在 pygame 创建的窗口中确定位置之后，下面我们就来使用程序在窗口中绘制一条直线，程序如下：

```
import pygame # 导入 pygame 模块
pygame.init() # 模块初始化
sc = pygame.display.set_mode((900,800)) # 宽 900 像素，高 800 像素
# 绘制直线
pygame.draw.line(sc,(255,0,0), (100,100), (500,500),100)
pygame.display.update()
# 事件循环
tmp = True
while tmp:
    for event in pygame.event.get():
        if event.type == pygame.QUIT:
            tmp = False
pygame.quit()
```

在上面的程序中，采用了 pygame 模块中的 draw 子模块的 line() 方法绘制直线，其参数的含义如下：

```
pygame.draw.line( 窗口 , 颜色 , 起始位置 , 结束位置 , 粗细 )
```

参数中的窗口为之前程序创建的窗口；颜色为对应的 RGB 值；起始位置和结束位置用于确定在窗口中画直线时从哪个坐标开始和到哪个坐标结束；粗细代表的是直线的粗细，数值越大，直线越粗，反之越细。

在窗口中绘制好图形之后，还需要使用 display 子模块中的 update() 方法对窗口进行刷新，否则绘制的图形将无法正常显示。最后运行上面的程序，结果如图 13-5 所示。

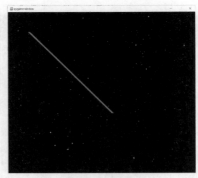

图 13-5 绘制直线

在绘制直线的过程中，我们使用的是 pygame 模块中的子模块 draw。这个模块中除了有绘制直线的 line() 方法外，还有很多绘制其他图形的方法，例如绘制矩形的方法 rect()（rect 是 rectangle 的缩写）、绘制圆形的方法 circle()。使用 draw 模块里面的方法绘制图形时，都需要确定绘制的位置，例如矩形需要确定起始位置以及它的宽、高，圆形则需要确定圆心的位置。下面就分别来讲解如何绘制矩形和圆形。

使用 rect() 方法绘制矩形时，需要确定颜色、矩形左顶点的坐标位置、矩形的宽和高、线条粗细：

```
pygame.draw.rect(sc, 颜色 ,[ 左顶点坐标 , 宽 , 高 ], 线条粗细 )
```

下面在窗口中绘制一个左顶点坐标为 (100,100)、宽为 500 像素、高为 200 像素、线条粗细为 5 的绿色 [RBG 值为 (0,255,0)] 矩形，实现的代码如下：

```
pygame.draw.rect(sc,[0,255,0],[100,100,500,200],5)
```

将这行代码替换上面程序中的第四行代码，程序运行效果如图 13-6 所示。

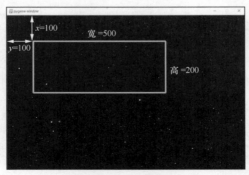

图 13-6 绘制矩形

在程序中如果将线条的粗细设置为 0，则在绘制时会将设置的颜色作为图形的填充色，也就是绘制的是实心图形，将上面代码中的 5 换成 0 试试吧。

除了可以直接在 rect() 方法中填入参数外，还可以将 rect() 方法中的矩形相关参数都放入列表中形成一个 Rect 对象，例如可以将上面的一行代码转换成下面两行代码：

```
rect1 = pygame.Rect(100,100,500,200)
pygame.draw.rect(sc,[0,255,0],rect1 ,5)
```

注意在使用 rect() 方法绘制矩形时，一共传入了 4 个参数，其中列表参数包括了左顶点的坐标以及矩形的宽、高。

在讲解完如何绘制矩形之后，接下来继续介绍如何使用 pygame.draw.circle() 绘制圆形。与使用 rect() 方法绘制矩形不同的是，该方法传入的圆心位置、大小是分开的，以创建一个圆心位置为 (300,300)、半径为 100、轮廓为蓝色、粗细为 5 的圆形为例，实现的代码如下：

```
pygame.draw.circle(sc, (0,0,255),(300,300),100,5)
```

用这行代码替换绘制矩形的那行代码，实现的效果如图 13-7 所示。

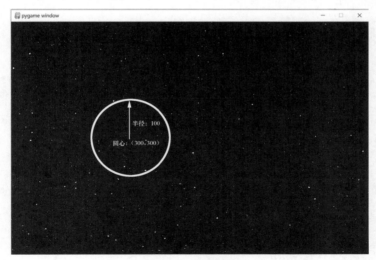

图 13-7　绘制圆形

知识加油箱

draw：意思为"描绘、绘画"，是 pygame 模块中的一个子模块，里面包含了绘制图形的方法，例如 line()、rect()、circle() 等。

line：意思为"线条、直线"，在程序中用于绘制一条直线，需要传入起始位置、结束位置、颜色等参数。

rectangle：意思为"矩形"，是 rect() 方法的全称。rect() 方法在程序中用于绘制矩形，里面需要传入矩形的左顶点坐标、宽、高等参数，传入的参数可以是列表类型。

circle：意思为"圆形、圆圈"，在程序中用于绘制圆形，传入的参数有圆形的半径、圆心位置、颜色、粗细等。

坐标系：是数学上常用来表示位置的辅助方法。在 pygame 创建的窗口中，横着的是 x 轴，竖着的是 y 轴，水平方向越向右，x 轴上的值越大，垂直方向越向上，y 轴上的值越大。坐标由两个数字构成，第一个数字表示的是 x 轴上的数字，第二个表示的是 y 轴上的数字，pygame 创建的窗口左顶点的坐标为 (0, 0)，也叫原点。在 pygame 中，垂直方向越向下，y 轴上的值越大。

13.4 图片

在我们的生活中很多图形并不是规则的，如果单纯只用程序去绘制，是非常耗时耗力的，且绘制的图形不一定能满足实际需求。为了避免这种问题，降低 pygame 的学习难度，在 pygame 中提供了一个能够处理图片的子模块 image。使用 image 中的 load() 方法可以将外部已经存在的图片加载进程序以供使用，这样就不需要用户自己绘制图片。它的使用方式如下：

```
pygame.image.load( 图片名称 )
```

例如，给创建的窗口添加一张名为 bg.png 的背景图片。这里要注意的是，这张背景图片要提前存储在计算机上，且为简化程序，图片和程序文件最好存放在同一文件夹下。例如要使用的 bg.png 图片在计算机桌面上的 img 文件夹中，但程序文件为桌面上的 test.py，这时候如果在程序中调用这张图片，计算机访问的是桌面上名为 bg.png 的图片，而图片原本是在桌面上的 img 文件夹中，程序最终由于找不到对应的图片而报错。此时应该在 load() 方法中填入 "img\\bg.png"，这样程序才能找到要使用的 bg.png 图片，相应的程序如下：

```
import pygame # 导入 pygame 模块
pygame.init() # 模块初始化
sc = pygame.display.set_mode((900,800)) # 创建窗口
bg = pygame.image.load("img\\bg.png") # 加载图片到程序中
```

上面括号中的 \\ 是 \ 的转义符，所谓转义符就是在程序运行时将程序转化为计算机才能看懂的符号。在 Windows 操作系统中运行程序时，会自动将 \\ 转化为 \。这是一种相对

路径的使用方式，程序运行的时候会以程序文件所在位置为起始点去寻找对应的文件。程序文件在桌面上，bg.png 图片在桌面上的 img 文件夹中，程序运行时将以桌面为出发点找到 img 文件夹中的 bg.png 图片。除了这种相对路径之外，还可以在 load() 方法中使用图片的绝对路径。假设桌面在计算机中的路径为 C:\Users\Administrator\Desktop\，那么加载图片的路径代码可以替换成下面的代码：

```
bg = pygame.image.load("C:\\Users\\Administrator\\Desktop\\img\\bg.png")
# 加载图片到程序中
```

同理，在上面的程序中使用 \\ 代替 \。在使用 load() 方法将图片加载进程序之后，接下来就是在程序中使用这张图片。这里可以将创建的窗口和背景图片比喻成一面墙和墙纸，跟贴墙纸一样，blit() 方法可以用来在创建的窗口中粘贴背景图片，但是在粘贴之前需要确定图片粘贴的具体位置（从图片的左顶点开始往下贴）。假如现在选择的图片和创建的窗口大小一样，可以将窗口的左顶点坐标(0,0)设置为图片粘贴的起始位置，在上面程序的基础上，粘贴背景图片的代码如下：

```
sc .blit(bg,(0,0))# 粘贴背景图片到窗口中
pygame.display.update() # 更新窗口
```

这里一定要注意，窗口在粘贴完背景图片之后已经发生了改变，此时一定要使用 pygame.display.update() 方法对窗口进行更新，否则窗口的背景图片就不能正常显示，程序运行之后得到的效果如图 13-8 所示。（本案例所用素材可从附赠资源中获取。）

图 13-8　粘贴背景图片

知识加油箱

image：意思为"形象、画像"，是 pygame 模块中用于处理图像的方法。

update：意思为"更新、刷新"，用于更新 pygame 模块生成的窗口，让实现的窗口及时更新显示。

13.5 程序实例：消灭病毒

生活中每逢节日的时候，人们都喜欢表演一些节目助兴，而这些节目都是要在舞台上表演的，程序中创建的窗口就好比是表演的舞台，背景图片就好比是舞台上的装饰背景布。这一节将讲解如何在窗口中创建动画（相当于舞台上的演员）。与静态的背景图片不同，动画是动态的。

以创建一个消灭病毒的程序为例，实现的效果如图 13-9 所示。

图 13-9   消灭病毒

接着上一节的内容，接下来我们要在创建的窗口中添加病毒图片，提供的素材文件为 virus.png（可从附赠资源中获取），实现过程分为以下两个步骤：

（1）将图片素材 virus.png 加载进程序中；

（2）实现病毒图片位置的随机分布。

和粘贴背景图片一样，先使用 pygame.image.load() 将图片加载进程序中，然后使用

random 模块获取病毒图片粘贴的随机位置，最后使用 for 循环重复粘贴多张病毒图片，对应的程序代码如下：

```
import pygame # 导入 pygame 模块
import random # 导入 random 模块
pygame.init() # 模块初始化
sc = pygame.display.set_mode((900,800)) # 创建窗口
bg = pygame.image.load("img\\bg.png") # 加载图片到程序中
sc.blit(bg,(0,0)) # 粘贴背景图片
virus = pygame.image.load("virus.png")
for i in range(50):
    x = random.randint(25,875)
    y = random.randint(25,775)
    sc.blit(virus,(x,y))# 粘贴病毒图片
pygame.display.update() # 更新窗口
# 事件循环
tmp = True
while tmp:
    for event in pygame.event.get():
        if event.type == pygame.QUIT:
        tmp = False
pygame.quit()
```

病毒图片的宽为 50 像素，高为 50 像素，被粘贴到窗口中时图片的中心点与指定的坐标重合。为了确保生成的病毒图片都在窗口中，在使用 random 模块生成随机位置时需指定 x、y 坐标的范围。

病毒图片宽 $/2 < x < 900 -$ 病毒图片宽 $/2$。

病毒图片高 $/2 < y < 800 -$ 病毒图片高 $/2$。

所以 x 坐标的随机范围为（25，875），y 坐标的范围为（25，775）。

想一想，议一议

现在病毒已经在窗口中显示了，如何实现病毒在窗口中移动呢？

病毒在窗口中移动改变的是病毒的坐标，实现的过程分为两步：

（1）记录下每个病毒每次的位置坐标；

（2）在移动之后将之前的图片"擦除"。

由于这里已经生成了 50 个病毒且每个病毒的位置都是不相同的，为了记录每个病毒的位置，创建两个列表变量分别记录每个病毒的 x、y 坐标，将上面 for 循环中的代码换成如下代码：

```
xlist = [] # 存储 x 坐标
ylist = [] # 存储 y 坐标
for i in range(50):
    x = random.randint(25,875)
    y = random.randint(25,775)
    xlist.append(x)
    ylist.append(y)
    sc.blit(virus,(x,y))# 粘贴病毒图片
```

获取所有病毒的位置坐标之后，按照上、下、左、右 4 个方向随机改变病毒的位置坐标。病毒水平向右移动时，*x* 坐标值变大；水平向左移动时，*x* 坐标值变小；垂直向下移动时，*y* 坐标值变小；垂直向上移动时，*y* 坐标值变大。根据这个规律，在上面代码的基础上添加如下代码：

```
while True:
    # 改变坐标
    for i in range(50):
        a = random.randint(1,4) # 表示随机方向，1 代表向左，2 代表向右，3 代表向上，
4 代表向下
        if a==1 and xlist[i]>=25: # x 坐标最小位置为 25
            xlist[i] = xlist[i] - 5
        elif a==2 and xlist[i]<=875: # x 坐标最大位置为 875
            xlist[i] = xlist[i] + 5
        elif a==3 and ylist[i]>=25: # y 坐标最小位置为 25
            ylist[i] = ylist[i] - 5
        elif a==4 and ylist[i]<=775: # y 坐标最大位置为 775
            ylist[i] = ylist[i] + 5
        sc.blit(virus,(xlist[i], ylist[i])) # 改变位置
    pygame.display.update() # 更新窗口
```

上面的程序中使用到了 for 循环和 while 循环，for 循环的用处是控制粘贴 50 个病毒并且移动一次，while 循环是实现 50 个病毒重复移动。运行程序，会得到图 13-10 所示的效果。

图 13-10　病毒效果

　　每一个病毒虽然在移动，但是病毒好像出现了重影。病毒移动的原理其实就是在每次改变坐标之后，将病毒重新粘贴在窗口中。由于每次移动的距离较小，因此产生了这种类似重影的效果。那如何解决这个问题呢？

　　回顾制作病毒移动的步骤，其中有一个重要的步骤是将图片"擦除"，即在每一次 for 循环将病毒图片粘贴到改动后的位置前，需要先将之前粘贴的所有病毒图片给"擦除"。这里的"擦除"并不是真正的擦除，因为我们最终要实现一个病毒运动的效果，如果将病毒每次运动的痕迹都擦除了，就无法形成一个动画了。为了保留病毒运动效果，在 for 循环每次粘贴病毒之前，将背景图片更换成一张没有任何病毒的图片，以此保证每张背景图片上都只有一次 for 循环粘贴的 50 个病毒，程序运行之后就能得到病毒运动的效果。在上面代码的基础上，将粘贴背景图片的代码放入 while 循环里面，具体实现如下：

```
while True：
    # 重新粘贴背景图片
    sc.blit(bg,(0,0))
    # 改变坐标
    for i in range(50):
        ……
    pygame.display.update()# 更新窗口
```

　　此时再运行程序就会发现病毒已经动起来了，病毒移动所产生的重影效果也不再存在。pygame 除了可以在窗口中添加背景图片之外，还可以使用 pygame.mixer.music 模块中的方法调用计算机中的音乐播放器播放指定的音乐，而且还能使用程序调节音乐声音的大小。以播放计算机桌面上的《梦的绽放》这首歌（注意该文件在程序中的路径）为例，程序实现如下：

```
# 播放音频
import pygame # 导入 pygame 模块
pygame.init() # 模块初始化
pygame.mixer.init() # 播放器初始化
pygame.display.set_caption(" 标题 ") # 设置窗口标题
sc = pygame.display.set_mode((400,400)) # 创建窗口
bg = pygame.image.load(" 背景图片 ") # 加载背景图片
sc.blit(bg,(0,0)) # 添加背景图片
pygame.mixer.music.load(" 梦的绽放 .mp3") # .mp3 是歌曲文件的扩展名
pygame.mixer.music.set_volume(0.2) # 设置音量（取值为 0~1.0）
pygame.mixer.music.play() # 播放音乐
pygame.display.update() # 更新窗口
# 事件循环
tmp = True
while tmp:
```

```
    for event in pygame.event.get():
        if event.type == pygame.QUIT:
            tmp = False
pygame.quit()
```

pygame 除了可以播放音乐之外，还可以使用 pygame.movie 模块中的方法播放视频。以播放计算机桌面上的《变形金刚》为例，程序实现如下：

```
# 播放视频
import pygame # 导入 pygame 模块
pygame.init() # 模块初始化
sc =pygame.display.set_mode((352,288)) # 创建窗口
a=pygame.movie.Movie(" 变形金刚 .mp4") #.mp4 为视频文件的扩展名
a.set_display(sc) # 在窗口中播放
a.set_volume(0.2)
# 事件循环
tmp = True
while tmp:
    for event in pygame.event.get():
        if event.type == pygame.QUIT:
            tmp = False
pygame.quit()
```

到这里我们讲解了一些 pygame 模块的简单用法，之前提过 pygame 是用来开发游戏的模块。说到游戏，它包括了游戏场景（类似于现在对窗口的操作）和游戏交互（使用鼠标、键盘等进行的操作）。下一章将详细讲解如何用 pygame 控制键盘和鼠标，做出可操作的游戏。

知识加油箱

mixer：意思为"声音混合器"，是 pygame 中用于播放音频的子模块。在使用该模块中的方法之前，需要先使用 mixer.init() 初始化模块。

play：意思为"游戏、播放"，在程序中可以使用 pygame.mixer.music.play() 播放音乐。

volume：意思为"音量、响度"，在程序中用于控制音频的声音大小，取值范围为 0 ~ 1.0，数值越大，音量越大。

caption：说明文字，set_caption() 方法用于设置创建的窗口的名称。

movie：意思为"电影"，是 pygame 模块中的一个子模块，可以使用 pygame.movie.Moive() 播放指定的视频。

基本上所有的文件在计算机中都有一个对应的扩展名，例如 Python 程序文件的扩展名为 .py，图片文件的扩展名有 .png、.jpg、.bmp、.gif 等，音频文件的扩展名有 .mp3、.wav、.wma、.amr 等，视频文件的扩展名有 .mp4、.avi、.mpeg、.mov 等。文件的扩

展名有利于计算机对不同类型文件进行分类处理。在程序中使用文件时,一定要加上文件的扩展名。有些文件在计算机中显示时其扩展名被隐藏了,可以选中要使用的文件,右击鼠标,查看文件属性,操作如图 13-11 所示。

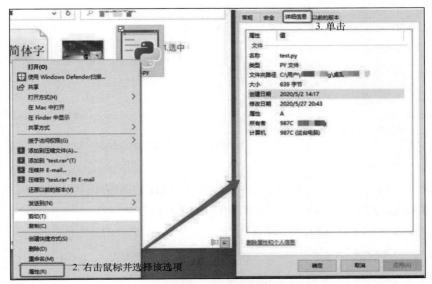

图 13-11　查看文件属性

13.6　动手试一试,更上一层楼

1. 下面关于 pygame 模块的说法错误的是（　）。

A. pygame 不是 Python 自带的模块,所以在使用前要先安装

B. 在程序中使用 pygame 模块时必须先使用 import 导入

C. 使用 pygame 模块中的方法之前,先要使用 pygame.display.init() 初始化模块

D. pygame 模块不仅可以在窗口中绘制图案,还可以为窗口添加背景图片

【答案】C。

2. 补全下面的代码,使得程序能够创建出一个宽 400 像素、高 500 像素的窗口。

```
import pygame
pygame.init()
_____
```

【答案】pygame.display.set_mode((400,500))。

3. 程序文件 test.py 在桌面上（C:\Users\Administrator\Desktop），它要使用同在桌面上的图片 pic.png，在 load() 方法中填入图片路径（ ），程序不会报错。

A. "/pic.png"　　　　　　　　　　B. "C:\Users\Administrator\Desktop\pic.png"

C. "pic.png"　　　　　　　　　　D. " C:\\Users\\Administrator\\Desktop\\pic.png"

【答案】C。

4. 观察下面的程序，说出程序的运行结果。

```
import pygame
pygame.init()
sc = pygame.display.set_mode((600,800))
bg= pygame.image.load("bg.png") # 假设已经有了 bg.png 图片
sc.blit(bg)
```

【答案】程序报错。首先，使用 blit() 方法粘贴图片时需要确定粘贴的位置坐标；其次，在程序末尾需要加上 pygame.display.update() 刷新窗口。

5. 下面的（ ）方法是用来控制音乐播放的。

A. pygame.image.load()　　　　B. pygame.display.update()

C. pygame.mixer.music.load()　　D. pygame.mixer.music.play()

【答案】D。

6. 下面（ ）模块是控制视频播放的。

A. pygame.display.set_mode()　B. pygame.mixer.music.play()

C. pygame.movie.Movie()　　　D. pygame.mixer.music.set_volume()

【答案】C。

7. 下面的（ ）格式是音频格式。

A. MP3　　　　B. AMR　　　　C. WMV　　　　D. PNG

【答案】A、B。

8. 下面的（ ）格式是图片格式。

A. MP4　　　　B. AVI　　　　C. PNG　　　　D. GIF

【答案】CD。

9. 下面的（ ）方法可以用来绘制一条直线。

A. pygame.draw.line()　　　　B. pygame.draw.circle ()

C. pygame.line()　　　　　　D. pygame.circle()

【答案】A。

10. 使用程序绘制图 13-12 所示的雪人。

图 13-12 雪人

【答案】

```
import pygame
pygame.init()
screen = pygame.display.set_mode((600,600))
pygame.draw.circle(screen,(255,255,255),(350,250),90,0)
pygame.draw.circle(screen,(255,255,255),(350,450),150,0)
pygame.draw.circle(screen,(0,0,0),(320,220),8,0)
pygame.draw.circle(screen,(0,0,0),(380,220),8,0)
pygame.draw.circle(screen,(255,0,0),(350,250),10,0)
pygame.draw.line(screen,(255,0,0),(330,275),(370,275),5)
pygame.display.update()
```

第 **14** 章

事 件

上一章介绍了如何使用 pygame 创建游戏窗口、绘制游戏角色、定义游戏角色位置等，虽然最后我们使用 pygame 制作了游戏场景动画，但是没有实现游戏真正的功能——人机交互。人机交互指的是人可以通过操作计算机的鼠标、键盘等设备控制游戏中的角色。

在这一章中，我们将学习如何使用程序中的事件获取用户对鼠标、键盘的操作。那什么叫作事件呢？在现实生活中我们往往会听说哪里发生了什么大事件，事件是指发生的某件事。在程序中也有事件这个概念，它指的是对计算机的相关操作，移动鼠标、单击鼠标、敲击键盘等都属于事件，下面就来介绍如何在程序中使用这些事件。

14.1 循环的事件

正常情况下我们编写的大部分程序会在较短时间内运行完毕并停止，除非在程序中加入 while 循环使其一直处于运行状态。除此之外，有一种程序（事件驱动程序）可以一直处于等待状态，在等待的过程中它什么都不干，但是一旦有相对应的事件发生，该程序就会立即做出反应。最典型的例子就是计算机开机之后，鼠标事件驱动程序在鼠标没有被单击的时候就一直处于等待状态，当你没有移动或单击鼠标时，在计算机桌面上通常是看不到鼠标指针的，但是你一旦单击或是移动了鼠标，鼠标指针就会立马出现并根据你的操作做出相对应的反应。

不同事件驱动程序对应处理不同的事件，事件驱动程序在等待的过程中时刻对计算机中发生的事件进行监控、匹配，这个过程也叫事件循环。这就是为什么在上一章的程序模块中总会使用 while 循环来实现对事件的判断与匹配。

同一时间内可能会有多个事件发生，例如有时候我们操作计算机时会连续单击鼠标多次，这个时候所有的单击鼠标事件会按照时间顺序被放入内存中，形成事件队列，然后事件驱动程序循环从事件队列中匹配对应的事件并进行处理。事件驱动程序并不会对所有的事件都做处理，例如在鼠标移动的过程中，每移动一点都代表着一个新事件的产生，但是事件驱动程序并不会做出任何处理，而是关注着用户在移动鼠标的过程中是否单击了哪个位置，所以此时的驱动程序只关注鼠标单击(mouseClick)事件，而非鼠标移动(mouseMove)事件。

pygame 提供了很多关于事件处理的方法，用户在编程的过程中可以根据想要实现的效果选择不同的事件，例如可以使用键盘事件（keyDown）来控制游戏中角色的移动，或者使用鼠标事件（mouseDown）实现游戏角色的某种功能，下面就以具体的案例来介绍使用 pygame 中的事件方法。

14.2 鼠标事件

鼠标是计算机使用过程中常用的设备之一，在程序中常见的鼠标事件有如下 3 种。

（1）MOUSEMOTION：鼠标移动事件，用于监测鼠标是否移动。

（2）MOUSEBUTTONDOWN：鼠标按键单击事件，用于监测鼠标按键是否被单击。

（3）MOUSEBUTTONUP：鼠标按键被单击后弹起事件，用于监测鼠标按键被单击之后是否弹起。

为了更好地讲解鼠标事件如何使用，下面以戳气球的程序为例，程序实现的效果是气球被随机分布在窗口中，当将鼠标指针移动到气球上并单击时，气球消失。这个程序的实现步骤如下：

（1）创建一个大小为 600 像素 ×800 像素的窗口；

（2）在窗口中添加 20 个随机分布的气球（宽为 50 像素，高为 50 像素）；

（3）时刻获取鼠标指针的移动位置；

（4）判断鼠标按键是否被单击且位置是否和气球位置相同；

（5）去除被鼠标单击的气球。

根据步骤分析要使用 pygame 中的事件方法，所以在程序开头先导入 pygame 模块，然后使用 pygame.display.set_mode() 创建窗口，并在窗口中添加一张背景图片，具体程序如下：

```
import pygame # 导入 pygame 模块
pygame.init() # 模块初始化
sc = pygame.display.set_mode((600,800)) # 创建宽为 600 像素、高为 800 像素
# 的窗口
bg = pygame.image.load(" 背景 .png")
sc.blit(bg,(0,0))
pygame.display.update() # 更新窗口
```

步骤（2）中因为气球的分布是随机的，所以在程序开头导入 random 模块，并使用列表记录每个气球的位置，然后使用 pygame.image.load() 将气球图片加载进程序，再使用 blit() 方法将图片粘贴到窗口中，具体代码如下：

```
import random # 导入 random 模块
img = pygame.image.load("ball.png") # 加载气球图片
xLst =[] # 记录 x 坐标
ylst = [] # 记录 y 坐标
for i in range(20):
    x = random.randint(25,600−25)
    y = random.randint(25,800−25)
    xLst.append(x)
    yLst.append(y)
    sc.blit(img,(xLst[i],yLst[i]))
```

在程序中，为了保证粘贴的气球都能在窗口中完整显示，设置粘贴坐标范围时要去除气球图片本身宽、高的一半，除此之外在使用图片时一定要注意图片路径问题，实现的效果如图 14-1 所示。

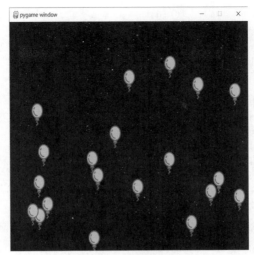

图 14-1 粘贴气球

接下来步骤（3）中实现对事件的实时监控，上一章中我们在程序的末尾加了一个 while 循环实现对事件的循环监控，当时只针对关闭窗口事件做了处理，下面我们在其基础上添加对鼠标指针移动事件的监控，代码如下：

```
tmp = True
# 事件循环
while tmp:
    for event in pygame.event.get(): # 获取所有的事件
        pos =pygame.mouse.get_pos() # 获取鼠标指针的位置
        mouse_x = pos[0] #x 坐标
        mouse_y = pos[1] #y 坐标
        if event.type == pygame.QUIT:
            tmp = False
# 退出窗口
pygame.quit()
```

在程序中使用 pygame.mouse.get_pos() 获取鼠标指针移动时的坐标（包含 x、y 两个坐标），结果是一个元组类型，可以通过索引获取对应的 x、y 值。

步骤（4）从获取的所有事件中找到鼠标按键单击事件（MOUSEBUTTONDOWN），然后将此时鼠标指针的坐标与记录在列表中的气球坐标进行对比，因为记录在列表中的气球坐标是气球图片中心的位置坐标。为了实现鼠标单击气球任意位置都代表单击到了气球，将鼠标有效单击范围对应的鼠标指针坐标与列表记录坐标的匹配关系设置如下。

气球 x 坐标 – 25 < 鼠标 x 坐标 < 气球 x 坐标 +25。

气球 y 坐标 – 25 < 鼠标 y 坐标 < 气球 y 坐标 +25。

在两个条件都满足的情况下，判定鼠标单击在气球上了，换成具体代码如下：

```
elif event.type== pygame.MOUSEBUTTONDOWN:
    for i in range(len(xLst)):
        # 获取每个气球的位置坐标
        x =xLst[i]
        y = yLst[i]
        if x – 25<mouse_x<x+25 and y – 25 <mouse_y < y+25:
            # 根据索引删除气球坐标
            xLst.pop(i)
            yLst.pop(i)
            break
```

在 for 循环中遍历每一个气球的坐标与设置的判断条件进行匹配，当找到了一个符合条件的气球后使用 break 结束当前的 for 循环，然后等待下一次单击鼠标后的判断。

步骤（5）在 while 循环中将列表里剩下气球的坐标遍历出来，重新粘贴到创建的窗口中。为了将已经被单击的气球图片隐藏起来，每次循环前重新粘贴一张背景图片。具体代码如下：

```
sc.blit(bg,(0,0)) # 重新粘贴背景图片
if len(xLst) == 0: # 当气球全部没有了
    break
if len(xLst)>0: # 当气球还有时
    for i in range(len(xLst)):
        sc.blit(img,(xLst[i],yLst[i]))
```

在使用气球坐标判断气球是否被鼠标单击时，因为气球的坐标都存储在列表中，所以在使用之前先要判断列表中是否还有坐标。如果气球全部都消失了，那就应该结束循环。

程序中的事件都是通过 pygame. 事件名来调用的，除此之外还可以使用另外一种方式。因为 pygame 中的所有事件和方法都放在了 pygame.locals 模块中，所以可以在程序的开头使用 from pygame.locals import * 将所有的事件在使用前导入程序中，然后直接使用事件名。例如上面程序中的 pygame.QUIT、pygame.MOUSEBUTTONDOWN 可以直接写成 QUIT、MOUSEBUTTONDOWN。本案例所使用的案例代码、素材可从附赠资源中获取。

知识加油箱

event：意思为"大事、事件"，程序中的事件有鼠标事件、键盘事件、定时器事件等。在程序中可以通过事件循环监控不同事件的发生。

mouse：意思为"老鼠、鼠标"，在程序的事件循环中可以使用 mouse.get_pos() 获取鼠

标指针移动过程中的位置坐标。

button：意思为"按钮、扣子"，程序中使用 MOUSEBUTTONDOWN、MOUSEBUT
TONUP 表示鼠标按键单击事件、鼠标按键单击后弹起事件。

14.3 键盘事件

在游戏进行过程中，键盘中的某些键通常被赋予一些特殊的功能，例如键盘中的上、
下、左、右键经常用来控制游戏中角色的移动方向。所谓的键盘事件就是指驱动程序监
控键盘，当键盘中的某些键被按下时做出的相应处理。在程序中经常使用的键盘事件有
如下两种。

（1）KEYDOWN：按键按下事件，用于监测键盘上的键是否被按下。

（2）KEYUP：按键按下弹起事件，用于监测键盘的键被按下之后是否弹起。

为了更好地讲解键盘事件，以移动小格子的程序为例，程序实现的效果为用户可以通
过按上、下、左、右键控制小格子的移动，实现的具体步骤如下：

（1）创建一个 800 像素 ×600 像素的窗口；

（2）创建一个 80 像素 ×60 像素的矩形，其初始位置为窗口的正中心；

（3）监测键盘的上、下、左、右键是否被按下，如果被按下则按照指定的方向移动。

根据程序的分析步骤，在步骤（1）中导入要使用的 pygame 模块以及 pygame 中的
事件模块 pygame.locals，然后使用 pygame.display.set_mode() 创建一个宽 800 像素、
高 600 像素的窗口，代码如下：

```
import pygame # 导入 pygame 模块
from pygame.locals import *
pygame.init() # 模块初始化
sc = pygame.display.set_mode((800,600)) # 创建宽为 800 像素、高为 600 像素
的窗口
pygame.display.update() # 更新窗口
```

步骤（2）中在创建矩形之前先确定位置，通过窗口大小的参数（800 像素 ×600 像
素）可以确定窗口的中心点坐标为 (400, 300)。由于创建的小格子本身也有大小（80 像
素 ×60 像素），为了让小格子能够在窗口的正中心位置，小格子的中心应该和窗口的中
心重合，可以得到小格子的左顶点的坐标为 (360, 270)。根据上一章中讲解的绘制矩形的
方法，代码如下：

```
# 绘制矩形
x = 360
y = 270
rect = pygame.Rect(360,270,80,60)
pygame.draw.rect(sc,[0,0,255],rect ,0)
```

程序实现的效果如图 14-2 所示。

图 14-2 小格子

步骤（3）在事件循环中对键盘事件进行监测，与单击鼠标不同的是，键盘上有很多不同的按键，根据程序步骤分析，只需要对键盘的上、下、左、右键进行监测。假设这 4 个按键每按下一次，小格子都移动 2 像素，只是移动的方向不同。每个按键与小格子移动位置的对应关系如下：

当按上键时，小格子的 y 坐标 -2；

当按下键时，小格子的 y 坐标 $+2$；

当按左键时，小格子的 x 坐标 -2；

当按右键时，小格子的 x 坐标 $+2$。

实现的具体代码如下：

```
# 移动步数
m_x = 0
m_y = 0
tmp = True
```

```
while tmp:
    for event in pygame.event.get():
        if event.type == QUIT:
            tmp =False
        elif event.type == KEYDOWN: # 当键被按下时
            if event.key==K_LEFT: # 向左
                m_x – =2
            elif event.key == K_RIGHT: # 向右
                m_x +=2
            elif event.key == K_UP: # 向上
                m_y – =2
            elif event.key ==K_DOWN: # 向下
                m_y +=2
        elif event.type == KEYUP: # 未按键
            m_x =0
            m_y = 0

        x+=m_x
        y+=m_y
    sc.fill((0,0,0)) # 填充窗口为黑色
    rect = pygame.Rect(x,y,80,60)
    pygame.draw.rect(sc,[0,0,255],rect ,0)
    pygame.display.update() # 更新窗口
# 退出窗口
pygame.quit()
```

在事件循环的外面定义了两个变量，分别表示 x 轴方向、y 轴方向移动距离的初始值为 0，然后在事件循环里先判断是否为键盘按下事件（KEYDOWN），然后判断按下的键是否为上（K_UP）、下（K_DOWN）、左（K_LEFT）或右（K_RIGHT）键，从而控制小格子移动的方向。除此之外，当键盘未被按下时（KEYUP）设置移动距离为 0，最后根据改变后的小格子坐标重新绘制一个矩形。为了避免出现重影的情况，每次重新绘制小格子之前使用 pygame.fill() 把窗口重新填充为黑色，以覆盖之前所画的矩形。本案例代码可从附赠资源中获取。

键盘事件不同于鼠标事件，因为键盘上有很多个键，不同的键对应的键值也不一样，例如键 A 的值为 K_a，键 B 的值为 K_b，键 1 的值为 K_1，更多的键值可以查看本书后面的键值附录表。

知识加油箱

key：意思为"钥匙、键"，在程序中 KEYDOWN 表示键盘按下事件，KEYUP 表示键盘未按下事件，可以在程序中使用 event.key 判断键盘上的哪个键被按下了。

right：意思为"正确的、右边"，在程序中 K_RIGHT 代表右键的键值，可用于判断右键是否被按下。

left：意思为"左边、左方"，在程序中 K_LEFT 代表左键的键值，可用于判断左键是否被按下。

down：意思为"向下、下面"，在程序中 K_DOWN 代表下键的键值，可用于判断下键是否被按下。

up：意思为"向上、上面"，在程序中 K_UP 代表上键的键值，可用于判断上键是否被按下。

fill：意思为"注满、填满"，在程序中可以使用 fill() 方法设置窗口的填充色，括号中填入的是颜色的 RGB 值。

14.4 定时器事件

pygame 的常用事件中除了鼠标事件、键盘事件之外，还有一个定时器事件。定时器事件是指在定好的时间点上发生的事情，就像我们设置的闹钟一样，到了定的时间会响起闹铃。

定时器事件不同于 pygame 中的其他事件，定时器事件的功能可以由我们自己来设置。在 pygame 中设置定时器事件大致可以分为 3 个步骤。

（1）确定定时器中自定义事件的编号。

在 pygame 中预先定义好的所有事件在内部为了方便管理都有一个编号（从 0 开始），也有一个对外方便记忆的名字（例如之前讲过的 MOUSEBUTTONDOWN）。而我们自己创建的事件也需要一个编号，为了不和已有的事件编号发生冲突，使用 pygame.USEREVENT 获取可用的事件编号。例如你可以在自己的 IDLE 运行窗口中输入下面的代码，查看 pygame 事件已经使用了哪些编号，如图 14-3 所示。

```
>>> import pygame
>>> pygame.USEREVENT
24
>>> pygame.NUMEVENTS
32
```

图 14-3　查看事件编号

使用 pygame.USEREVENT 获取到的数字 24 是自定义事件可用的最小编号，0 ~ 23 都已经被已有的事件占用；pygame.NUMEVENTS 获取的是自定义事件可用的最大编号，为 31。也就是说，自定义事件可用编号范围为 24 ~ 31。为了避免程序运行时事件编号发生错乱，通常将自定义事件编号设置为 pygame.USEREVENT。

（2）使用 pygame 中的 set_timer() 方法创建定时器。它的使用方式如下：

```
pygame.set_timer( 事件编号 , 时间间隔 )
```

事件编号可以在步骤（1）中确定，时间间隔的单位为毫秒，使用这个方法可以实现在某一个时间间隔内触发事件。

（3）在事件循环中监测定时器事件。

为了更好地讲解定时器的使用方法，以制作一个名为"魔法图形"的程序为例，该程序实现的效果是在创建的窗口中每隔一段时间自动出现一个色彩各异的矩形，实现步骤如下：

（1）创建一个名为"魔法图形"、大小为 800 像素 ×600 像素的窗口；

（2）设置定时器事件，时间间隔为 1 秒；

（3）在事件循环中对定时器进行判断，每隔 1 秒绘制一个矩形。

在步骤（1）中使用 pygame.display.set_caption() 设置窗口名称，使用 pygame.display.set_mode() 设置窗口大小，具体代码如下：

```
import pygame
pygame.init()
sc =pygame.display.set_mode((800,600))
pygame.display.set_caption(" 魔法图形 ")
```

在步骤（2）中使用 pygame.set_timer() 设置定时器，代码如下：

```
# 创建定时器
pygame.set_timer(USEREVENT, 1000)
```

在步骤（3）中添加事件循环，当检测到事件类型是创建的定时器事件时，每隔 1 秒绘制矩形。为了能够获取随机位置和随机颜色，在程序开头导入 random 模块。具体代码如下：

```
import random
# 事件循环
tmp = True
while tmp:
    for event in pygame.event.get():
        if event.type == QUIT: # 关闭窗口
            tmp =False
        elif event.type == USEREVENT: # 自定义的事件
            # 随机位置绘制矩形
            x = random.randint(40,760)
```

```
            y = random.randint(30,570)
            # 随机 RGB 的值
            r = random.randint(0,255)
            g = random.randint(0,255)
            b = random.randint(0,255)
            rect = pygame.Rect(x,y,80,60)
            pygame.draw.rect(sc,[r,g,b],rect ,0)
    pygame.display.update() # 更新窗口

# 退出窗口
pygame.quit()
```

到这里"魔法图形"程序就完成了，完整的程序可从附赠资源中获取。

程序最终运行的效果如图 14-4 所示。

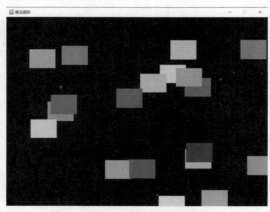

图 14-4   "魔法图形"程序运行效果

14.5 程序实例：一架电子琴

前面我们讲解了如何使用 pygame 创建窗口、播放声音、监测鼠标和键盘事件等，在这一节中将之前学习的知识综合使用，创建一个电子琴程序，该程序需要实现：

（1）一个带有电子琴按键的窗口；

（2）监测用户是否按下数字键 1 ~ 7；

（3）根据按键的不同播放 do、re、mi、fa、so、la、xi 的音；

（4）当按空格键时，能够将之前按的音完整播放。

根据程序要实现的功能，对应的实现流程图如图 14-5 所示。

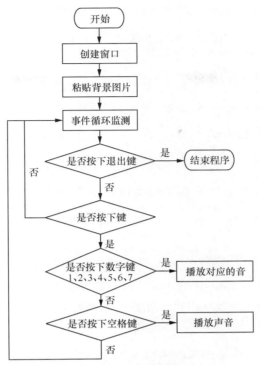

图 14-5　电子琴流程图

参照流程图，第一步是创建带有电子琴按键的窗口。由于本实例选择的电子琴按键图片的大小为 960 像素 ×540 像素，为了使窗口能够和图片紧密贴合在一起，设置窗口的大小与图片大小相同，具体代码如下：

```
import pygame # 导入 pygame 模块
from pygame.locals import * # 导入所有的事件模块
pygame.init() # 模块初始化
sc = pygame.display.set_mode((960,540)) # 创建窗口
bg = pygame.image.load(" 电子琴 .png")
sc.blit(bg,(0,0)) # 粘贴图片
pygame.display.update() # 更新窗口
```

在创建好窗口之后，第二步开始在事件循环中对键盘进行监测，实现的代码如下：

```
# 事件循环
tmp = True
while tmp:
    for event in pygame.event.get():
        if event.type == QUIT: # 关闭窗口
```

```
            tmp =False
    elif event.type == KEYDOWN: # 键盘按下事件
        if event.key == K_1:  # 判断是否按下数字键 1
            pass
        elif event.key == K_2:  # 判断是否按下数字键 2
            pass
        elif event.key == K_3:  # 判断是否按下数字键 3
            pass
        elif event.key == K_4:  # 判断是否按下数字键 4
            pass
        elif event.key == K_5:  # 判断是否按下数字键 5
            pass
        elif event.key == K_6:  # 判断是否按下数字键 6
            pass
        elif event.key == K_7:  # 判断是否按下数字键 7
            pass
```

在上面的程序中使用了关键字 pass，如果还没有想好功能代码具体怎么写，可以暂时用 pass 代替，这样程序也可以正常运行，例如这里使用 pass 代替播放声音的具体代码。使用 pass 的好处是可以时刻测试程序，先把框架搭建起来，然后里面的具体实现代码后面慢慢补充。

第三步将程序中的 pass 换成播放声音的代码。现在在程序的开头导入 pygame 模块中的播放声音的 mixer 子模块，然后使用 music.load() 方法播放声音，实现的代码如下：

```
from pygame.mixer import music # 导入模块
music.load("1.wav")    # 加载并播放声音
music.play()
```

因为播放声音的程序大致一样（只需要更改对应声音的名字即可），这里只写当按下数字键 1 时播放声音的代码，其余的你来尝试完成吧。

除了上面使用键值判断的方法之外，还可以直接使用键对应的 ASCII 值进行判断，数字键 1 ~ 7 对应的 ASCII 值为 49 ~ 55。实现方法是首先在事件循环外定义一个列表（包含 1 ~ 7），然后在事件循环内判断键盘按下事件时，直接使用 chr() 方法将键的 ASCII 值转换为对应的字符串数字，通过数字播放对应的声音。具体的代码如下：

```
from pygame.mixer import music # 导入模块
lst = ["1","2","3","4","5","6","7"]
tmp = True
while tmp:
    for event in pygame.event.get():
```

```
        if event.type == QUIT: # 关闭窗口
            tmp =False
        elif event.type == KEYDOWN: # 键盘按下事件
            num = chr(event.key) # 将键的 ASCII 值转换为对应的数字
            if num in lst:
                    music.load(n+".wav")     # 加载并播放对应的声音
                    music.play()
pygame.quit() # 关闭窗口
```

第四步实现将每次按下的音组成一首完整的曲子,在事件循环外创建一个空列表用于记录每次按下的键,然后在事件循环中监测键盘上的空格键是否被按下,当空格键被按下时播放存放在列表中的键名所对应的音。为了区分每个音,使用 time 模块让播放的音之间有间隔。具体代码如下:

```
import time
song = [] # 记录每次按下的键
tmp = True
while tmp:
    ......
        elif event.key == K_SPACE: # 监测空格键
            #print(song)
            for i in song:     # 播放存储在列表中的所有音
                    music.load(i+".wav")
                    music.play()
                    time.sleep()
            lst = [] # 播放完清空列表
```

在上面的程序中,播放完存储在列表中的键名所对应的音之后,要及时清空列表,避免干扰下一首曲子的播放。该程序的完整代码可从附赠资源中获取。

14.6 动手试一试,更上一层楼

1. 下面属于鼠标单击事件的有( )。

A. KEYDOWN   B. MOUSEMOTION

C. MOUSEBUTTONDOWN   D. MOUSEBUTTONUP

【答案】C。

2. 补全下面的代码,实现在事件循环中获取鼠标指针移动的坐标。

```
while True:
```

```
    for event in pygame.event.get():
        _____
```

【答案】pos =pygame.mouse.get_pos()。

3. 下列选项中是键盘事件的是（　　）。

A. KEYDOWN　　　　　B. KEYUP　　　C. KEYMOTION　　　　D. KEYBUTTON

【答案】A、B。

4. 观察下面的程序，说出程序的运行结果。

```
a = 65
b = "a"
aa = chr(65)
print(aa == b)
```

【答案】chr() 函数可以将 ASCII 值转换为对应的字符串，ASCII 值 65 对应的是字母 A，在程序中字母是区分大小的，所以程序运行之后输出的是 False。

5. 补全下面的代码，实现当按下空格键时，输出 123。

```
while True:
    for event in pygame.event.get():
        if _____:
            if _____:
                print("123")
```

【答案】

```
if event.type == KEYDOWN:
    if event.key == K_SPACE:
```

6. 下面的方法中可以设置窗口标题的是（　　）。

A. pygame.display.set_mode()　　　　　B. pygame.image.load()

C. pygame.display.update()　　　　　D. pygame.display.set_caption()

【答案】D。

7. 在创建定时器事件时，可以用来代替定时器编号的是（　　）。

A. set_timer　　　　　　　　　B. USEREVENT

C. NUMUSER　　　　　　　　　D. NUMEVENTS

【答案】B。

8. 创建定时器所使用的 set_timer() 方法中的时间参数单位为（　　）。

A. 秒　　　　　B. 毫秒　　　　　C. 纳秒　　　　　D. 分钟

【答案】B，1000 毫秒 =1 秒。

9. 观察下面的程序，说出程序运行结果。

```
a = "c"
b = 67
aa = a.upper()
bb = chr(b)
print(aa == bb)
aaa = ord(aa)
print(b == aaa)
```

【答案】True；True。

15

GUI 编程

GUI（Graphical User Interface，图形用户界面）编程指的是使用程序实现图形界面，简单来说就是程序编写好交给用户使用时，用户操作的是一个个图形化界面。就像我们生活中常用的手机 App、计算机软件，打开之后看到的不是里面的具体程序，而是一个个图形化界面，我们只需要通过操作这些界面上的一些选项来实现具体的功能。在上一章中 pygame 编写的电子琴程序就属于 GUI 编程，程序运行之后得到一个带有电子琴按键的界面，用户只需要按键盘上的按键即可获取对应的声音。

想一想，议一议

GUI 编程有什么好处呢?

相比于之前讲解的程序只能在 IDLE 中输入或者输出简单的信息，GUI 编程可以制作功能丰富的窗口界面，用户只需要按照界面上的功能选项进行操作。GUI 编程不仅呈现的效果简洁美观、各功能清晰明确、用户操作简单，还可以让用户看不到具体的程序，从而保证了程序的安全性。接下来看一个具体的例子，使用程序实现用户登录的效果。在未学习 GUI 编程时，实现的代码如下:

```
# 输入用户信息
user =input(" 输入用户名：")
password = input(" 输入密码：")
# 判断输入信息是否正确，假设用户名为"张三"，密码为 123
if user == " 张三 " and password == "123":
    print(" 登录成功 ")
else:
    print(" 输入信息错误～ ")
```

程序运行结果如图 15-1 所示。

输入用户名：张三
输入密码：345
输入信息错误～
>>>
================
输入用户名：李四
输入密码：123
输入信息错误～
>>>
================
输入用户名：张三
输入密码：123
登录成功
>>>

图 15-1 登录验证

虽然验证用户登录的原理是这样的，但是程序呈现的效果并不美观，而且对用户来说使用这样的窗口输入信息非常不方便。在上一章中讲解了如何使用 pygame 制作游戏界面，本章将详细讲解 Python 中的 tkinter 模块，它具有的强大功能可以帮助用户制作 GUI。

15.1 创建窗口

tkinter 是 Python 自带的 GUI 库，所以可以直接使用关键字 import 将 tkinter 导入程序中。tkinter 比 pygame 拥有更强的图形化功能，它可以通过简单代码对生成的窗口根据功能进行布局，例如我们一直使用的 IDLE 编辑器就是使用 tkinter 实现的。下面就来看看如何使用 tkinter 实现 GUI 的第一步——创建窗口，具体程序如下：

```
# 导入 tkinter
import tkinter
sc = tkinter.Tk() # 创建窗口
sc.geometry("500x300") # 设置大小
sc.title(" 测试 ") # 设置窗口名
sc.mainloop() # 监听窗口
```

程序运行结果如图 15-2 所示。

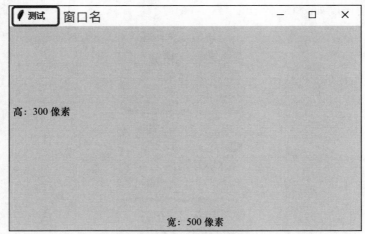

图 15-2　使用 tkinter 创建窗口

在 tkinter 模块中有很多种方法。Tk() 方法用于创建窗口；geometry() 方法用于设置窗口的大小，括号中的参数为"宽 × 高"（单位为像素）；title() 方法用于设置窗口的标题；mainloop() 方法用于监听窗口。在上一章中介绍了鼠标、键盘等事件，在 pygame 中使用 while 循环实现对事件的循环监测，而 tkinter 只需要在程序的末尾使用 mainloop() 方法即可实现对窗口的循环监测，这样可以根据用户的操作及时做相应的处理。

知识加油箱

geometry：意思为"几何图形、形状"，是 tkinter 模块中用于设置窗口大小的方法，括号中填入的参数为"宽 × 高"。

title：意思为"标题、题目"，是 tkinter 模块中用于设置窗口标题的方法。

loop：意思为"环形、环状"，tkinter 中的 mainloop() 方法用于监测用户对窗口的操作。

15.2 窗口中的文字和图片

窗口只是 GUI 的基础，窗口中显示的内容才是重点。那窗口中显示的内容有哪些呢？回想一下我们平时使用计算机打开的网页或使用手机打开的 App，呈现出来的都是一个个 GUI，且其中包含的内容多种多样，大致可以分为文字、图片、音频、视频这几类。下面就来讲解如何在创建的窗口中添加文字、图片等内容。

在 tkinter 模块中有一个 Label() 方法可以用于在窗口中添加文字或者图片，它的使用方式如下：

Label (窗口 , text=" 文本 ",font=(" 字体名称 ", 字号),fg=" 字体颜色 ",bg=" 背景颜色 ")

例如下面使用 Label() 方法在创建的窗口中添加"tkinter 模块学习"，具体代码如下：

```
# 导入 tkinter 模块
import tkinter
sc = tkinter.Tk() # 创建窗口
sc.geometry("200x100") # 设置大小
sc.title("Label 添加内容 ")
label= tkinter.Label(sc, text=" tkinter 模 块 学 习 ",fg="white", font=(" 宋 体 ", 30),
bg="red")
tkinter.pack() # 粘贴
label.mainloop() # 监听窗口
```

程序运行结果如图 15-3 所示。

图 15-3　Label() 方法的使用

使用 tkinter 模块中的 Label() 方法可以添加文字，但是还需要使用 pack() 方法将其放到窗口中。下一节会详细讲解 pack() 的使用方法。

除了可以在 Label() 方法中通过参数 text 设置显示内容之外，还可以在 Label() 方法外面设置 Label() 方法显示的内容，例如在上面代码的基础上将显示内容"tkinter 模块学习"改为"Label() 方法的学习"，实现代码如下：

```
value = tk.StringVar()
label=tkinter.Label(sc, text=" tkinter 模块学习 ", textvariable=value)
value.set("Label() 方法的学习 ")
label.pack()
```

修改 Label() 方法中的参数时，先使用 StringVar() 方法创建一个变量，然后在 Label() 方法中添加 textvariable 参数获取原有值，最后使用 set() 方法修改为指定的内容。

Label() 方法除了可以在窗口中添加文字内容之外，还可以添加图片。在添加图片之前需要使用 tkinter 模块中的 PhotoImage() 方法处理图片，然后再使用 Label() 方法在窗口中添加。例如在创建的窗口 sc 上添加名为 bg.jpg 的图片，实现代码如下：

```
pic = tkinter.PhotoImage("bg.jpg")
label = tkinter.Label(sc, image=pic)
label.pack()
```

Label() 方法中可以有很多的参数选项，除了上面使用到的这些参数外，还有很多其他参数，常用的参数如表 15-1 所示。

表 15-1　Label() 方法的常用参数

参数名	功能
justify	当 Label() 方法中有多行文本时，设置文本的对齐方式，其中，left 为左对齐、right 为右对齐、center 为居中对齐
padx	设置内容与边框在水平方向上的距离，单位为像素
pady	设置内容与边框在垂直方向上的距离，单位为像素
width	设置显示框的宽度
height	设置显示框的高度
cursor	设置鼠标指针移动到显示框上时的样式
anchor	控制内容在显示框中的显示位置，其中有 e、w、s、n、ne、nw、sw、se、center，e、w、s、n 分别代表东、西、南、北，默认值为 center（居中）

知识加油箱

label：意思为"标签、标记"，在 tkinter 中可以使用 Label() 方法设置在窗口中显示的内容，可以是文字，也可以是图片。

justify：意思为"对齐、使齐行"，是 Label() 方法中一个用于设置多行内容对齐方式的参数。

cursor：意思为"光标、游标"，设置鼠标指针移动到显示框上时的样式。

anchor：意思为"锚、使固定"，在使用 Label() 方法布局时，设置 anchor 参数可以控制元素的对齐参考点，可以设置的值有 n、ne、e、se、s、sw、w、nw 和 center。

15.3 图形化输入框

在窗口中除了需要显示文字外，有时候还需要输入一些内容，这就需要在窗口中提供一个输入框。之前我们使用的是 input() 函数获取用户输入的内容，现在可以使用 tkinter 模块中的 Entry() 方法，例如这里创建一个输入姓名的输入框，代码如下：

```
import tkinter # 导入 tkinter 模式
sc = tkinter.Tk() # 创建窗口
sc.geometry("200x100") # 设置大小
sc.title("Entry 添加内容 ")
e = tkinter.Entry(sc)
e.pack()
e.delete(0, "end") # 清除输入框内容
e.insert(0, " 输入用户名 ...") # 添加默认值
print(e.get()) # 获取输入的内容
sc.mainloop()
```

程序运行结果如图 15-4 所示。

图 15-4　输入框

在使用 Entry() 方法创建输入框后，为了避免多次输入的内容彼此之间会有干扰，可以先使用 delete() 方法将输入框中的内容清除；还可以使用 insert() 方法提供一个输入默认值；在用户输入内容之后，使用 get() 方法获取用户输入的内容。

Entry() 方法除了可以在括号中通过参数设置输入框的内容之外，还可以和 Label() 方法一样使用 StringVar() 方法在外面设置输入框的内容，例如下面的程序：

```
import tkinter # 导入 tkinter 模块
sc = tkinter.Tk() # 创建窗口
sc.geometry("200x100") # 设置大小
sc.title("Entry 添加内容 ")
value = tkinter.StringVar()
e = tkinter.Entry(sc, textvariable = value)
e.pack()
value.set("Entry 学习 ")
print(e.get())
sc.mainloop()
```

在 Entry() 方法中使用 StringVar() 方法创建的变量将用于代替输入框的内容，然后通过 set() 方法设置输入框的内容，最后通过 get() 方法获取输入框的内容。

知识加油箱

entry：意思为"参与、加入"，是 tkinter 模块中用于创建图形化输入框的方法。

15.4 按钮

在 GUI 上，按钮的形状多种多样，表现形式也多种多样，有的是图片，有的是文本，我们可以通过单击 GUI 上设置好的按钮获取想要的内容。上一章讲解了如何通过事件循环监控单击事件。和 pygame 监控整个窗口不同的是，tkinter 可以实现对窗口局部位置的监控。下面就来看看如何使用 tkinter 模块中的 Button() 方法创建按钮并对按钮进行监控。例如在窗口中创建一个按钮，当按钮被单击时输出"按钮测试"，实现代码如下：

```
import tkinter # 导入 tkinter 模块
sc = tkinter.Tk() # 创建窗口
sc.geometry("200x100") # 设置大小
sc.title("Button 按钮 ")
def test():
    print(" 按钮测试 ")
```

```
btn = tkinter.Button(sc, text=" 提交 ", command=test)
btn.pack()
sc.mainloop()
```

程序运行结果如图 15-5 所示。

图 15-5　按钮

程序运行之后，只要单击一次按钮，程序就会在 IDLE 窗口中输出一次"按钮测试"。在实现的程序中可以看到使用 tkinter.Button() 创建按钮时，括号中出现了一个 command 参数，它的功能就是在单击按钮时执行已经编写好的函数 test()。这里注意了，command 参数的参数值只能是函数名。

想一想，议一议

如果在使用 Button() 方法时没有设置 command 参数会怎样呢？

程序不会报错，但是这样做之后，创建按钮就没有了意义，因为这个时候按钮没有任何功能，单击和不单击没有区别。

tkinter 的 Button() 方法除了可以创建文本按钮之外，还可以创建图形按钮。和 Label() 方法使用图片的方式一样，要使用 PhotoImage() 方法处理图片才能使用。假设已有图片文件 pic.jpg，将它设置为按钮的代码如下：

```
pic = tkinter.PhotoImage("pic.jpg")
sc.title("Button() 按钮 ")
btn = tkinter.Button(sc, text=" 按　钮 ", font = 20, image = pic, compound =
"center")
```

在上面的程序中使用 Button() 方法创建按钮时，参数 text 是按钮上显示的文字，font 是字体大小（数值越大，字越大），image 是按钮上添加的图片，compound 是设置排列顺序。因为在上面的程序中不仅实现了在按钮上添加图片，还添加了文字，为了使添加的文字能在图片上面显示，使用 compound ="center" 设置文字在图片上面显示。

在使用 Button() 方法创建按钮时，它里面还可以添加很多参数，常用的参数如表

221

15-2 所示。

表 15-2　Button() 方法的常用参数

参数名	功能
bg 或 background	设置按钮的背景颜色
font	设置按钮上文字的大小
pady	设置按钮上的内容与按钮边框在垂直方向上的距离，单位为像素
padx	设置按钮上的内容与按钮边框在水平方向上的距离，单位为像素
justify	当按钮中有多行文本时，设置文本的对齐方式，其中，left 为左对齐、right 为右对齐、center 为居中对齐
width	设置按钮的宽度
height	设置按钮的高度
cursor	设置鼠标指针移动到按钮上时的样式
anchor	控制内容在按钮上的显示位置，其中有 e、w、s、n、ne、nw、sw、se、center、e、w、s、n 分别代表东、西、南、北，默认值为 center(居中)
state	设置按钮的状态，其中，normal 为默认、disable 为不可单击、active 为活跃
compound	当按钮上同时存在图片和文字时，设置显示样式，默认只显示图片，其中，center 为文字在图片上显示，bottom、left、right、top 分别为图片显示在文字的下、左、右、上边

知识加油箱

button：意思为"按钮、扣子"，在 tkinter 中可以使用 Button() 方法在窗口中添加按钮。
command：意思为"指令、命令"，是 Button() 方法中用于设置单击按钮之后执行具体操作的参数。
state：意思为"状况、情况"，是 Button() 方法中的一个参数，用于设置按钮是否能够被单击。
compound：意思为"混合物、复合物"，当使用 Button() 方法创建的按钮中同时有图片和文字时，可以使用这个参数设置显示的顺序。

15.5 窗口布局

随着在窗口中添加的内容越来越多，为了实现窗口中内容显示的美观，功能之间区分明显，给用户一个良好的体验，tkinter 模块提供了对窗口内容进行布局的 3 种方法，其中一种是在前面创建文字、输入框、按钮的程序中用到的 pack() 方法，还有另外两种分别是 grid() 方法、place() 方法。它们的布局方式如下。

（1）pack() 方法：按照元素添加的前后顺序排列。

（2）grid() 方法：以行或列为单位排列元素。

（3）place() 方法：最自由的模式，可以指定排列位置。

下面分别使用具体的例子来讲解这 3 种布局方法，首先是使用 pack() 方法对窗口中添加的内容进行布局，代码如下：

```
import tkinter # 导入 tkinter 模块
sc = tkinter.Tk() # 创建窗口
sc.geometry("500x300") # 设置大小
sc.title("pack 布局 ")
tkinter.Label(sc, text=" 横向 ", bg="black", fg="white").pack(fill="x")
tkinter.Label(sc, text=" 纵向 ", bg="red", fg="black").pack(fill="y")
tkinter.Label(sc, text=" 横纵向 ", bg="yellow", fg="red").pack(fill="both")
sc.mainloop() # 监听窗口
```

程序运行结果如图 15-6 所示。

图 15-6　pack() 布局 1

在 tkinter 模块中 Label() 方法用于在窗口中显示内容（可以是文字或图片），其中 text 参数用于指定显示的具体文字内容，bg 参数用于指定背景颜色，fg 参数用于指定文字颜色，最后使用pack()方法对要显示的内容进行布局。在pack()方法中fill 参数的值可以为x、y、both 中的其中一个，分别对应的效果如下。

pack(fill = "x")：指定显示内容横向排列。

pack(fill = "y")：指定显示内容纵向排列。

pack(fill="both")：指定显示内容横纵向排列。

从图 15-6 可以看出每一个要显示的内容都独占一行，如果想要实现内容在同一行中显示，可以设置 pack() 方法中 side 参数的参数值，例如将上面程序中布局部分的代码换成如下代码：

```
tkinter.Label(sc, text=" 横向 ", bg="black", fg="white").pack(side ="left")
tkinter.Label(sc, text=" 纵向 ", bg="red", fg="black").pack(side = "left")
tkinter.Label(sc, text=" 横纵向 ", bg="yellow", fg="red").pack(side="right")
```

程序运行结果如图 15-7 所示。

图 15-7　pack() 布局 2

对比 pack() 布局方法，grid() 布局更为灵活，它可以通过设置行和列指定窗口元素的具体位置，行数和列数从 0 开始计数。例如要实现显示内容横纵向排列，代码如下：

```
import tkinter # 导入 tkinter 模块
sc = tkinter.Tk() # 创建窗口
sc.geometry("500x300") # 设置大小
sc.title("grid 布局 ")
tkinter.Label(sc, text=" 横向排列 ", bg="black", fg="white").grid(row =0)
tkinter.Label(sc, text=" 横向排列 ", bg="red", fg="black").grid(row =1)
tkinter.Label(sc, text=" 纵向排列 ", bg="yellow", fg="red").grid(row =0,column=1)
sc.mainloop() # 监听窗口
```

程序运行结果如图 15-8 所示。

图 15-8　grid() 布局

在使用 grid() 方法布局时可以通过设置参数 row（行）、column（列）指定元素的排列方式，第一行第一列为 row=0、column=0。

最后一种 place() 布局方法更为灵活，不仅可以设置窗口中元素的位置及大小，还可以覆盖窗口中已有的元素，例如下面这个程序：

```
import tkinter # 导入 tkinter 模块
sc = tkinter.Tk() # 创建窗口
sc.geometry("500x300") # 设置大小
sc.title("place 布局 ")
tkinter.Label(sc, text=" 元 素 3", bg="yellow", fg="red").place(relx=0.5, rely=0.5,
relwidth=0.7,relheight=0.7,anchor="center")
tkinter.Label(sc, text=" 元 素 2", bg="red", fg="black").place(relx=0.5, rely=0.5,
relwidth=0.5,relheight=0.5,anchor="center")
tkinter.Label(sc, text=" 元素 1", bg="black", fg="white").place(relx=0.5, rely=0.5,
relwidth=0.3,relheight=0.3,anchor="center")
sc.mainloop() # 监听窗口
```

程序运行结果如图 15-9 所示。

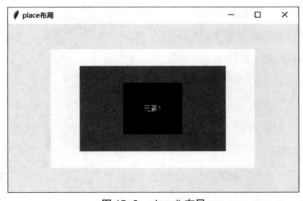

图 15-9　place() 布局

从图 15-9 可以看出使用 place() 方法布局时，如果元素在同一位置，后面添加的元素会将前面的元素覆盖。可以使用 relx、rely 参数（取值范围为 0 ~ 1）确定元素的位置，例如程序中使用的 relx=0.5、rely=0.5 代表元素在窗口的正中心显示。参数 relwidth、relheight 代表的是元素大小和窗口大小的比值（范围为 0 ~ 1），然后根据窗口的大小确定元素的大小。参数 anchor 设置的是元素对齐参考点，默认以元素的左顶点作为对齐的参考点。

一般情况下，当窗口布局所使用的元素较少时，使用 pack() 方法进行窗口布局；当布局所使用的元素较多时，可以使用 grid() 方法进行布局；尽量少使用 place() 方法布局。

知识加油箱

pack：意思为"包裹、包装"，在 tkinter 中可以使用 pack() 方法对窗口中的元素进行布局，布局原则是先添加的元素先确定位置，后添加的元素后确定位置，适用于内容较少的布局。

grid：意思为"网格、格子"，在 tkinter 中使用 grid() 方法布局时，会将窗口按照行、列进行划分，然后可以在 grid() 方法中设置参数 row、column 的值控制元素的显示位置。

place：意思为"放置、安放"，在 tkinter 中使用 place() 方法布局时，可以通过设置元素和窗口的相对大小比例指定元素的大小及位置。

15.6 程序实例：图形化用户登录界面

在未学习 tkinter 模块时，如果让你制作一个用户登录的程序，可能最后实现的是图 15-1 所示的效果。在学习了 tkinter 模块之后，我们来使用上面讲过的方法完成一个综合性案例——图形化的用户登录界面，最终实现效果如图 15-10 所示。

根据图 15-10 可知，窗口中的元素较少且每个元素都独占一行，所以可以使用 pack() 方法进行窗口的布局，功能实现的步骤如下：

（1）创建一个 300 像素 ×300 像素的窗口；

（2）添加文字介绍；

（3）添加用户名、密码的输入框；

（4）添加登录按钮；

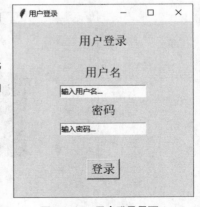

图 15-10　用户登录界面 1

（5）对用户输入的内容进行判断。

按照步骤分析，步骤（1）实现的代码如下：

```
import tkinter as tk # 导入 tkinter 模块
sc = tk.Tk() # 创建窗口
sc.geometry("300x300") # 设置窗口大小
sc.title(" 用户登录 ") # 窗口标题
sc.mainloop()
```

上面的程序为了减少书写的代码量，使用关键字 as 将导入的 tkinter 模块取别名为 tk，然后在后面的程序中用 tk 代替 tkinter。

步骤（2）使用 Label() 方法按照显示的顺序在窗口中添加文字，具体代码如下：

```
tt = tk.Label(text=" 用户登录 ", font=(" 宋体 ",15),pady=20) # 标题
tt.pack()
user = tk.Label(text=" 用户名 ", font=(" 宋体 ",15),pady=10) # 用户名
user.pack()
```

步骤（3）使用 Entry() 方法创建输入框，具体代码如下：

```
# 用户名输入框
e1 = tk.Entry(sc)
e1.pack()
e1.delete(0,"end") # 清除已有内容
e1.insert(0," 输入用户名 ...") # 默认值
# 添加文字
pwd = tk.Label(text=" 密码 ", font=(" 宋体 ",15),pady=10)
pwd.pack()
# 密码输入框
e2 = tk.Entry(sc)
e2.pack()
e2.delete(0,"end")
e2.insert(0," 输入密码 ...") # 默认值
```

步骤（4）使用 Button() 方法创建登录按钮，具体代码如下：

```
# 登录按钮
btn = tk.Button(sc,text=" 登录 ",font=(" 宋体 ",15))
btn.pack()
sc.mainloop()
```

程序运行之后，实现的效果如图 15-11 所示。

227

图 15-11   用户登录界面 2

对比目标实现效果，登录按钮离输入框太近了，可以在输入框和添加按钮的代码之间多使用一次 Label() 方法拉开距离，具体代码如下：

```
tt = tk.Label(text="",pady=10) # 拉开距离
tt.pack()
```

在完成界面布局之后，还有对用户输入的内容进行判断的步骤（5）。首先使用 StringVar() 方法获取用户输入的内容，然后在按钮上添加验证函数，验证用户名和密码是否正确（假设正确的用户名为张三、密码为 123456），将上面实现输入框的代码改成如下代码：

```
# 用户名输入框
v1 = tk.StringVar()
e1 = tk.Entry(sc, textvariable = v1)
e1.pack()
e1.delete(0,"end")
e1.insert(0," 输入用户名 ...")
pwd =  tk.Label(text=" 密码 ", font=(" 宋体 ",15),pady=10) # 密码
pwd.pack()
# 密码输入框
v2 = tk.StringVar()
e2 = tk.Entry(sc, textvariable = v2)
e2.pack()
e2.delete(0,"end")
e2.insert(0," 输入密码 ...")
tt = tk.Label(text="",pady=10) # 拉开距离
tt.pack()
# 验证函数
def verify():
    username = e1.get()
    password = e2.get()
    if username == " 张三 " and password == "123456":
```

```
        print(" 登录成功！ ")
    else:
        print(" 登录失败！ ")
# 登录按钮
btn = tk.Button(sc,text=" 登录 ",font=(" 宋体 ",15),command=verify)
btn.pack()
```

程序运行之后，实现的效果如图 15–12 所示。

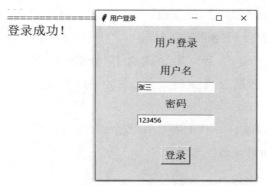

图 15–12　验证登录

到这里，我们的图形化用户登录界面就基本完成了。但是还有一个小问题需要解决，平时我们在登录账号时，出于安全考虑密码是不可见的，而这里的密码却是可见的，那如何解决这个问题呢？可以在使用 Entry() 方法创建密码输入框时，添加一个参数 show="*"，这样在输入密码时密码就被 * 代替了。本案例的完整代码可从附赠资源中获取。

15.7 程序封装

我们平时使用到的软件都是 GUI，作为用户的我们是看不到软件内部的具体程序的。这样做的好处是降低了软件的使用难度，用户只需要关心软件的功能如何使用，而不用去关注软件功能是怎么实现的；其次，将实现软件的代码隐藏可以保证软件的安全性，用户不能随便修改里面的程序。这种隐藏代码的方式也叫作程序封装。在上面我们已经使用 tkinter 创建好了图形化登录程序，接下来就对程序进行封装。

在 Python 中有一个名为 pyinstaller 的第三方包可以将我们编写好的程序封装，实现步骤如下。

（1）安装 pyinstaller：在 cmd 窗口中输入 pip install pyinstaller 进行安装。

（2）窗口检测是否安装成功：在 cmd 窗口中输入 pyinstaller --version 查看 pyinstaller 的安装版本，如果没有报错则说明安装成功。

（3）在 cmd 窗口中输入 cd + 要封装的程序文件的文件路径，例如，要封装的用户登录 .py 文件在计算机桌面上（桌面其实在计算机中也是一个文件夹，路径一般为 C:\Users\Administrator\Desktop\），所以在 cmd 窗口中输入 cd C:\Users\Administrator\Desktop 进入桌面文件夹，然后再在 cmd 窗口中输入 pyinstaller-F-w 用户登录 .py，等待程序被封装，最后得到了很多个文件，文件扩展名是 .exe 的文件就是最终封装好的程序，也是计算机上安装的可执行文件（双击就可以运行）。当然还可以在封装程序时加上一个图标，类似于 QQ 的图标是一只企鹅，我们自己封装的程序也可以添加一张图片（只能使用扩展名为 .ico 的图片）作为封装后的程序图标。例如使用一张名为 qq.ico 的图片作为图标，实现方式如下。

将上面的 pyinstaller-F-w 用户登录 .py 改为 pyinstaller-F-w-i qq.ico 用户登录 .py，这样就实现了加图标的程序封装。

15.8 动手试一试，更上一层楼

1. 下面用来创建窗口的方法是（ ）。

A. tkinter   B. Tk()   C. geometry()   D. title

【答案】B。

2. 补全下面的代码，使得程序能够创建出一个宽 400 像素、高 500 像素的窗口。

```
import tkinter
sc = tkinter.Tk()
_____
```

【答案】sc.geometry("400x500")。

3. 下面的说法正确的是（ ）。

A. pygame 模块和 tkinter 模块都是第三方模块，使用前要提前安装

B. GUI 指的是使用程序实现的图形化界面

C. tkinter 中有两种布局方法，分别是 grid()、place()

D. tkinter 模块中的 Label() 方法只能在窗口中添加文字

【答案】B。

4. 可以设置 Label() 方法中的（　　）参数控制元素的位置。

A. width　　　　B. height　　　　C. pady　　　　D. padx

【答案】C、D。

5. 补全下面的代码，实现在窗口中添加一个输入框，且输入框中有默认值"测试 ..."。

```
import tkinter
sc = tkinter.Tk()
......
entry = _____
entry.pack()
sc.mainloop()
```

【答案】tkinter.Entry(sc,text=" 测试 ...")。

6. 下面用于设置 Label() 方法中创建的文字格式的参数是（　　）。

A. anchor　　　　B. text　　　　C. bg　　　　D. font

【答案】D。

7. 下面可以设置按钮中图形和文本的显示顺序的参数是（　　）。

A. compound　　B. image　　　C. text　　　　D. command

【答案】A。

8. 使用 grid() 方法布局时，可以使用（　　）参数进行定位。

A. padx　　　　B. pady　　　　C. row　　　　D. column

【答案】C、D。

9. 使用 place() 方法布局时，下面可以控制元素的显示大小的参数是（　　）。

A. relx　　　　B. rely　　　　C. relwidth　　　D. relheight

【答案】C、D。

10. 下面用于设置按钮的功能的参数是（　　）。

A. callback　　　B. width　　　C. height　　　D. command

【答案】D。

11. 请指出下面这个程序的错误之处。

```
import tkinter As tk # 导入 tkinter 模块
sc = tk.Tk() # 创建窗口
sc.geometry("400x200") # 设置窗口大小
def test():
    print(" 单击按钮 ")
btn = tk.Button(text= 单击 , command="test")
```

【答案】（1）As 的 A 是小写的 a；（2）Button 中的 text= 单击没有加引号；
　　　　（3）command="test" 不能加双引号，只能是函数名。

12. 请使用程序实现图 15-13 所示的效果。

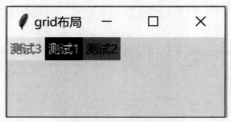

图 15-13　gird() 布局

【答案】

```
import tkinter # 导入 tkinter 模块
sc = tkinter.Tk() # 创建窗口
sc.geometry("400x200") # 设置窗口大小
sc.title("grid 布局 ")
tkinter.Label(sc, text=" 测试 1", bg="black", fg="white").grid(row =0,column=1)
tkinter.Label(sc, text=" 测试 2", bg="red", fg="black").grid(row =0,column=2)
tkinter.Label(sc, text=" 测试 3", bg="yellow", fg="red").grid(row =0,column=0)
sc.mainloop() # 监听窗口
```

第 **16** 章

会画图形的小海龟

在现实生活中要画一幅画，大多数人的第一反应是在纸上画，本章将介绍如何使用程序在计算机上绘制一幅画。在 Python 中有一个自带的 turtle（中文意思为海龟）模块，它具有强大的画图功能，下面就来详细介绍这个模块的使用方法。

16.1 一只小海龟

和生活中画画需要画纸、画笔一样，使用 turtle 模块在计算机上画画也需要可供画图用的窗口以及画笔，下面我们先来使用 turtle 模块中的方法创建一个大小为 400 像素 ×500 像素的窗口，代码如下：

```
# 导入 turtle 模块
import turtle as t
t.screensize(400,500,"white")
```

screensize() 方法是 turtle 模块中用于创建窗口的方法，它的参数分别为窗口的宽、高、背景颜色（如果不设置，默认为白色）。

画笔属性包含画笔的形状、粗细、颜色，在 turtle 模块中可以使用对应的方法分别设置这些属性。

turtle.shape()：设置画笔的形状，可选 turtle、arrow、circle、square、classic、triangle 6 种形状。

turtle.pensize()：设置画笔的粗细，括号里面填入的内容为数字，数值越大，画出的线条越粗，反之越细。

turtle.pencolor()：设置画笔的颜色（默认为黑色），括号中填入的是颜色单词或者是 RGB 值。

接下来我们就在上面代码的基础上创建一只小海龟，代码如下：

```
t.shape("turtle")
t.pencolor("red") # 设置画笔颜色为红色
```

程序运行之后，实现的效果如图 16-1 所示。

画笔的形状可以通过更改括号中的参数来改变，试试其他 5 种形状吧。

知识加油箱

turtle：意思为"海龟、龟"，是 Python 自带的绘图模块。

screen：意思为"屏幕、荧屏"，turtle 模块中的 screensize() 方法可以用于设置创建的绘画窗口的大小、背景颜色。

shape：意思为"形状、外貌"，turtle 模块中的 shape() 方法可以设置画笔的形状，总共有 6 个可选参数，默认情况为一个箭头。

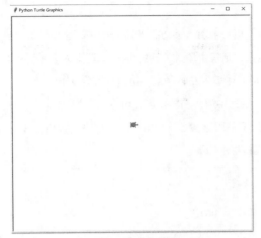

图 16-1 海龟画笔

16.2 让海龟动起来

使用 turtle 模块创建好绘画窗口和画笔之后，下面就来使用画笔在窗口中绘画。turtle 模块的绘画原理是通过程序控制画笔在窗口中移动进而完成绘画。使用 turtle 模块创建的绘画窗口是有坐标系的，该坐标系如图 16-2 所示。

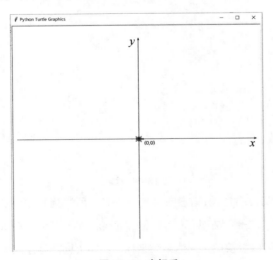

图 16-2 坐标系

有了坐标参考之后，turtle 模块中还提供了很多方法用于控制画笔的移动，一些常用的方法介绍如下。

forward()：前进，括号中填入移动的步数，可以简写为 fd()。

backward()：后退，括号中填入移动的步数，可以简写为 back()。

left()：向左转，括号中填入左转角度，可以简写为 lt()。

right()：向右转，括号中填入右转角度，可以简写为 rt()。

为了更好地介绍如何使用这些方法，编写一个程序，实现让海龟从起始位置 (0,0) 移动到位置 (100,100)，具体程序如下：

```
# 导入 turtle 模块
import turtle as t
t.screensize(400,500,"white")
t.shape("turtle")
t.forward(100)
t.left(90) # 左转 90 度
t.forward(100)
```

程序运行之后得到的效果如图 16-3 所示。

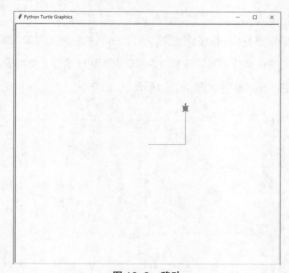

图 16-3　移动

海龟在起始点 (0,0) 时，初始方向是水平向右，所以当它要到达坐标（100,100）时，需要使用 left() 方法使其左转 90 度。除了上面这种方法外，在 turtle 模块中还有一种 goto() 方法，它可以直接指定到达某个坐标，例如上面的程序实现代码可以换成下面的代码：

```
# 导入 turtle 模块
import turtle as t
t.screensize(400,500,"white")
t.shape("turtle")
t.goto(100,100) # 直接指定到达坐标 (100,100)
```

程序运行之后，实现的效果如图 16-4 所示。

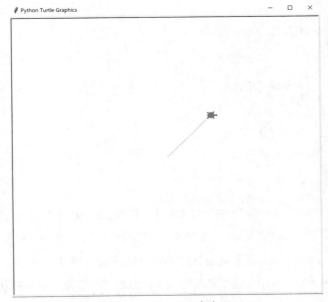

图 16-4　goto() 方法

虽然两个程序都能实现到达位置坐标 (100,100)，但是两者的实现过程是不一样的，goto() 方法比上面使用的 backward() 方法和 forward() 方法更加直接，代码更加简短。

知识加油箱

backward：意思为"后退的、向后的"，用于控制画笔往当前方向的后方移动，括号中填入的是移动步数。

forward：意思为"前进、向前"，用于控制画笔往当前方向移动，括号中填入的是移动步数。

left：意思为"左边、左方"，用于控制画笔向左转，括号中填入旋转角度。

right：意思为"右边、右方"，用于控制画笔向右转，括号中填入旋转角度。

16.3 多彩的矩形

如果现在让你使用 turtle 模块绘制一个 200 像素 × 100 像素的矩形，这对你来说应该是非常简单的事情。这里提供一种简单的绘制矩形的方法：

```python
# 导入 turtle 模块
import turtle as t
t.screensize(400,500,"white")
t.shape("turtle")
t.pencolor("yellow") # 轮廓颜色
t.pensize(5) # 画笔粗细
t.fillcolor("red") # 设置填充颜色
t.begin_fill() # 开始填充
for i in range(2):
    t.forward(200) # 宽
    t.left(90)
    t.forward(100) # 高
    t.left(90)
t.end_fill() # 结束填充
```

在上面的程序中为了使画出的矩形更加好看，使用了 turtle 模块中的几个方法。

（1）turtle.fillcolor()：设置图形的填充颜色，括号中填入颜色单词或者 RGB 值。

（2）turtle.begin_fill()：设置填充颜色的起始位置，在绘制图形之前使用，不然无法填充。

（3）turtle.end_fill()：设置填充颜色的结束位置，在画完要填充的图形之后使用，如果没有使用该方法，将无法对图形进行填充。

程序运行之后，实现的效果如图 16-5 所示。

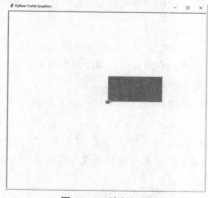

图 16-5　绘制矩形

在上面的程序中同时使用了 pencolor() 方法和 fillcolor() 方法设置图形的轮廓颜色和填充颜色，其实在 turtle 模块中可以直接使用 color() 方法代替这两个方法，它的使用方式如下：

> turtle.color(轮廓颜色，填充颜色)

也就是可以使用 t.color("yellow","red") 直接替代上面程序中的第四行代码和第六行代码。如果 color() 方法中只有一个参数，那就表示填充颜色和轮廓颜色设置为同一个颜色。

知识加油箱

begin：意思为"开始、起始"，turtle 模块中的 begin_fill() 方法用于设置开始填充的位置。

end：意思为"终止、结束"，turtle 模块中的 end_fill() 方法用于设置结束填充的位置。在填充图形颜色时，它需要和 begin_fill() 方法一起使用，缺一不可。

color：意思为"颜色、着色"，在程序中 color() 方法可以同时设置图形的轮廓颜色和填充颜色。

16.4 画个小圆圈

生活中的图形除了可以由直线构成，还可以由曲线构成，例如圆形、扇形等。turtle 模块提供了专门绘制圆的 circle() 方法，它的使用方式如下：

> turtle.circle(半径，角度)

circle() 方法中填入的半径可以是负数，如果是负数，说明圆的圆心在坐标原点的下边，反之在坐标原点的上边。circle() 方法中如果只填入了半径参数，则默认绘制一个圆，还可以添加角度参数绘制圆的一部分（完整圆形的角度为 360 度）。例如要绘制一个半径为 100 的半圆（角度 180 度），可以使用如下代码：

```
# 导入 turtle 模块
import turtle as t
t.circle(100,180)
```

turtle 模块中除了 circle() 方法可以绘制圆形之外，还有一个 dot() 方法可以绘制实心圆点，它的使用方式如下：

```
turtle.dot( 直径，填充颜色 )
```

为了更好地讲解绘制圆的方法，下面我们来绘制一块西瓜，效果如图 16-6 所示。

实现的步骤如下。

（1）使用 circle() 方法创建一个绿色轮廓、填充颜色为红色的半圆，代码如下：

```
# 导入 turtle 模块
import turtle as t
# 绘制西瓜皮
t.right(90) # 调转角度
t.pensize(5) # 将轮廓加粗
t.color("green","red") # 设置填充颜色和轮廓颜色
t.begin_fill() # 开始填充
t.circle(100,180)
t.end_fill() # 结束填充
```

（2）添加若干个黑色西瓜籽。因为西瓜籽也是圆形的，所以既可以使用 circle() 方法绘制圆后再填充，也可以直接使用 dot() 方法绘制黑色实心圆点，实现代码如下：

```
# 选择随机位置绘制西瓜籽
t.goto(20,-20)
t.dot(8,"black")
t.goto(50,-30)
t.dot(8,"black")
t.goto(80,-60)
t.dot(8,"black")
```

程序运行之后，实现的效果如图 16-7 所示。

清凉一夏

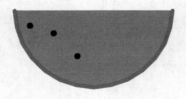

图 16-6　西瓜

图 16-7　绘制西瓜籽

从效果图（见图 16-7）可以看出，在移动画笔到画西瓜籽的位置的过程中，留下了画笔的移动轨迹，为了避免这种情况出现，可以使用 turtle 模块中的 penup() 和 pendown() 方法。

penup()：将画笔抬起，移动画笔不会在绘画窗口中留下痕迹。

pendown()：将画笔放下，移动画笔会在绘画窗口中留下痕迹。

在上面的程序中添加抬笔、落笔的代码，具体实现代码如下：

```
# 添加西瓜籽
t.penup()
t.goto(20,-20)
t.pendown()
t.dot(8,"black")
t.penup()
t.goto(50,-30)
t.pendown()
t.dot(8,"black")
t.penup()
t.goto(80,-60)
t.pendown()
t.dot(8,"black")
t.penup()
t.goto(120,-33)
t.pendown()
```

（3）使用 turtle 模块中的 write() 方法在窗口中添加文字，它的使用方式如下：

```
turtle.write( 内容，font=( 字体名称，字体大小 ))
```

实现的具体代码如下：

```
# 添加文字
t.penup()
t.goto(20,30)
t.pendown()
t.write(" 清凉一夏 ",font=(" 华文行楷 .ttf",40))
t.hideturtle()
```

在程序的末尾使用 hideturtle() 方法将画笔隐藏，最终实现我们想要的效果。

知识加油箱

dot：意思为"圆点、点"，turtle 模块中的 dot() 方法可以创建实心圆点。

hide：意思为"隐藏，遮挡"，turtle 模块中的 hideturtle() 方法用于隐藏画笔。

16.5 程序实例：小小房子

前文介绍了 turtle 模块中的一些常用的方法，接下来我们将使用这些方法编写一个综合性的程序，要实现的效果如图 16-8 所示。

从图 16-8 中可以看出这个小房子是由矩形和圆形等形状构成的，每个部分都有自己的填充颜色，下面我们就来用程序绘制这个图形，实现步骤如下。

图 16-8　小小房子

（1）绘制房子的主体结构（即中间红色的矩形），实现代码如下：

```python
import turtle as t # 导入 turtle 模块
t.pensize(5) # 设置轮廓线条粗细
# 矩形的房子主体
t.color("black","red") # 颜色
t.begin_fill() # 开始填充
for i in range(3):
    t.forward(150)
    t.lt(90) # 左转 90 度
t.forward(150)
t.end_fill()# 结束填充
```

（2）绘制房子的屋顶（黄色三角形），实现代码如下：

```python
# 三角形屋顶
t.penup() # 抬笔
t.color("black","yellow") # 颜色
t.goto(150,150)
t.begin_fill()
t.pendown() # 落笔
t.goto(75,200)
t.goto(0,150)
t.end_fill()
```

在绘制三角形的时候，先使用 penup() 方法抬起画笔，到达指定位置后再使用 pendown() 方法放下画笔，使用 goto() 方法控制画笔绘制三角形屋顶。

（3）绘制绿色的矩形门，实现代码如下：

```python
# 绿色矩形门
t.penup()
t.goto(90,0)
t.pendown()
t.color("black","green") # 黑色、绿色
t.begin_fill()
t.goto(90,60)
t.goto(130,60)
t.goto(130,0)
t.end_fill()
```

```
t.penup()
t.goto(96, 35)
t.pendown()
t.dot(10,"black") # 圆形门把手
```

（4）绘制灰色的矩形窗户，实现代码如下：

```
# 灰色矩形窗户
t.penup()
t.goto(20,80)
t.pendown()
t.color("black","grey") # 黑色，灰色
t.begin_fill()
t.goto(50,80)
t.goto(50,120)
t.goto(20,120)
t.goto(20,80)
t.end_fill()
t.penup()
t.goto(20,100)
t.pendown()
t.goto(50,100)
t.penup()
t.goto(35,120)
t.pendown()
t.goto(35,80)
```

（5）绘制棕色烟囱和金色的烟圈，实现代码如下：

```
# 烟囱
t.penup()
t.goto(135,165)
t.pendown()
t.color("black","brown")
t.begin_fill()
t.goto(135,190)
t.goto(110,190)
t.goto(110,180)
t.end_fill()
t.penup()
t.goto(120,205)
t.pendown()
t.dot(12,"gold")
t.penup()
t.goto(140,225)
t.pendown()
t.dot(20,"gold")
```

```
t.penup()
t.goto(165,255)
t.pendown()
t.dot(30,"gold")
t.hideturtle() # 隐藏画笔
```

这样就完成了小房子的绘制，上面的实现步骤没有先后顺序。在程序中除了可以使用 dot() 方法画圆外，还可以使用 circle() 方法。本案例的完整代码可从附赠资源中获取。

在使用 turtle 模块绘制图形时可能会用到很多颜色的单词，详情请查看本书附录"颜色单词表"。

16.6 动手试一试，更上一层楼

1. 下面能够控制海龟画笔移动起来的方法是（　）。

A. foward()　　　　　B. backward()　　　　C. left()　　　D. right()

【答案】A、B。

2. 补全下面的代码，使得程序能够创建出一个宽 300 像素、高 200 像素的灰色背景窗口。

```
import turtle
_____
```

【答案】turtle.geometry(300,200,"grey")。

3. turtle.shape() 方法可设置的画笔形状有 _____、_____、_____、_____、_____、_____。

【答案】turtle、arrow、circle、square、classic、triangle。

4. 下面的说法正确的是（　）。

A. turtle.pensize() 方法可以设置画笔的粗细

B. turtle.goto() 方法的括号中填入的是移动距离

C. turtle.color() 只能设置画笔的颜色

D. turtle.left() 可以简写成 turtle.lt()

【答案】A、D。

5. 在程序中使用代码 turtle.color("red") 得到的效果是（　）。

A. 设置画笔颜色为红色　　　　　　　B. 设置填充颜色为红色

C. 设置填充颜色和画笔颜色都为红色 D. 以上都不对

【答案】C。

6. 补全下面的代码，实现图 16-9 所示的效果（圆弧半径为 50 ）。

图 16-9 绘制直线和圆弧

```
import turtle as t
t.shape("turtle")
t.forward(100)
_____
_____
```

【答案】t.right(90);

　　　　　 t.circle(50,180)。

7. 补全下面的代码，实现绘制一个填充颜色为红色（red）、半径为 50 的圆。

```
import turtle as t
t.shape("turtle")
_____
t.fillcolor("red")
t.circle(50)
_____
```

【答案】t.begin_fill();

　　　　　 t.end_fill()。

8. 可以避免画笔移动的时候在绘画窗口中留下痕迹的方法是（ ）。

A. left　　　　　 B. forward　　　　　 C. penup　　　　 D. pendown

【答案】C。

9. 请使用 turtle 模块中的方法绘制出图 16-10 所示的矩形。

【答案】

```
# 导入 turtle 模块
import turtle as t
t.screensize(400,500,"white")
t.shape("turtle")
lst = ["red","blue","yellow","green"]
width = 300
height= 300
for i in range(4):
    t.fillcolor(lst[i])
    t.begin_fill()
    for i in range(2):
        t.forward(width) # 宽
```

```
        t.left(90)
        t.forward(height) # 高
        t.left(90)
    t.end_fill()
    width -=50
    height -=50
t.hideturtle()
```

10. 请使用 turtle 模块中的方法绘制出图 16-11 所示的太极图。

图 16-10　绘制矩形

图 16-11　绘制太极图

【答案】

```
# 太极图
import turtle
t = turtle.Turtle()
t.hideturtle()
t.color("black")
t.begin_fill()
t.circle(100,180)
t.right(180)
t.circle(-50,180)
t.circle(50,180)
t.end_fill()
t.penup()
t.goto(0,50)
t.pendown()
t.dot(30, "white") # 实心白色圆点
t.penup()
t.goto(0,0)
t.pendown()
t.left(180)
t.circle(-100,180)
t.penup()
t.goto(0,150)
t.pendown()
t.dot(30, "black")
```

17

Python 还可以做这些

Python 作为一门功能强大的编程语言，除了前面介绍的一些简单用法之外，还可以做很多事情。例如我们可以使用 Python 对数据进行可视化的图形分析，实现人工智能领域的声音、图片识别等。

17.1 图形化的数据

在互联网中，文字、图片、视频、音频等都是数据，通过爬虫获取大量的数据之后，如何发现其中的规律呢？这时候就需要对获取的数据进行处理，去除无效数据，保留有效数据，然后使用图形直观地显示这些规律。在 Python 中有功能十分强大的第三方模块，例如用于数据分析的 numpy、pandas、matplotlib 等。

numpy 模块：读取各种类型的文件，然后可以将文件的数据转化为多维数组，并且这个模块中提供了大量的高效计算方法。

pandas 模块：是 Python 的一个数据分析包，最早应用于金融数据分析，可以对数据从多个角度进行分析。

matplotlib 模块：对分析的数据进行图形化显示，根据分析数据的维度不同，可以选择不同的图形类型，例如折线图、柱状图、饼图等。

使用 Python 的数据分析模块，能够高效地计算大量的数据并对数据进行图形化显示，图形可以由自己定义，比一般的可视化软件拥有更多的图形选择。

17.2 人工智能

人工智能是计算机科学的一个重要分支，旨在赋予机器智能，让机器能够像人一样思考，例如我们在生活中遇到过的聊天机器人、人脸识别锁、车牌识别系统等，这些都是人工智能技术运用的产物。

人工智能的概念其实在 20 世纪 60 年代就已经被提出来了，但是由于早期发明的人工智能产品远远达不到人们的预期而发展缓慢。直到 20 世纪 80 年代有科学家提出了神经网络算法，让计算机模拟大脑神经元的结构，人工智能才迎来了发展的高潮。2016 年，机器人 AlphaGo 战胜了世界围棋冠军李世石，使得人工智能引起了人们的广泛关注，2017 年 AlphaGo 又以 3:0 的总比分战胜了当时围棋排名世界第一的柯洁。今天，人工智能技术在生活、学习、工作等多个领域被广泛运用。

如今提到人工智能，很多人都会自然而然地想到 Python，因为 Python 提供了很多用于人工智能处理的相关模块。要知道人工智能所运用的技术是非常复杂的，如果完全靠人类自己去实现是非常困难的，但是当这些可能会用到的人工智能程序被写入模块中后，用户只需要简单导入，调用模块中已经写好的方法或者改变方法中所涉及的一些参数就可以直接使用，这对用户来说是非常方便的。所以越来越多的人使用 Python 来编写人工智能程序，越来越多功能强大的人工智能 Python 模块被实现，Python 与人工智能之间的联系越来越紧密。

17.3 健康上网

网络上充斥着形形色色的内容，给我们的生活、学习、工作带来了便利，但网络也是一把双刃剑，很多人沉迷网络游戏不能自拔，甚至有一些人利用网络技术做一些违法犯罪的勾当。信息时代下的我们不仅要善于利用网络技术解决自己的问题，同时还应避免掉入一些常见的网络陷阱。

（1）不要随便单击陌生人提供给你的网址。

（2）不要在陌生的网站或者软件上留下自己的个人敏感信息（包括姓名、身份证号、性别、年龄、银行账号、电话号码、账户密码等）。

（3）不要在网络上浏览一些陌生网站或者下载一些陌生软件。

（4）在涉及用户账号登录或注册的网站，要确认网址是否为正确的官网地址。

（5）不要随意使用自己学习的编程知识编写病毒程序。

（6）要定期更换重要的账户密码，密码复杂度越高越好（包含数字、大小写字母、特殊符号）。

健康上网，人人有责！

17.4 动手试一试，更上一层楼

1. 下面关于人工智能的说法正确的是（　　）。

A. 人工智能是计算机科学的一个重要分支

B. 可以使用 Python 程序实现人工智能方面的应用

C. 人工智能技术不会给人类带来任何危害

D. 神经网络算法是人工智能算法的其中一种

【答案】A、B、D。

2. 下面属于人工智能技术运用的是（   ）。

A. 支付宝或者微信的二维码识别

B. 手机上的人脸识别

C. 聊天机器人

D. 高速收费站上使用的车牌号识别系统

【答案】A、B、C、D。

3. Python 中的下列哪些第三方模块可以用于分析并可视化呈现数据？（   ）

A. turtle   B. pandas   C. numpy   D. matplotlib

【答案】B、C、D。

4. 如果收到奇怪的短消息，提示某重要账户被异地登录，下列做法正确的是（   ）。

A. 进入对方提供的网址，输入自己的账户密码进行验证

B. 回拨电话留下自己的真实信息与对方核实

C. 自己登录官网查看自己账号的状态并修改密码

D. 置之不理

【答案】C。

附 录

附录 1 ASCII 表（部分）

符号	值	符号	值	符号	值
A	65	U	85	i	105
B	66	V	86	j	106
C	67	W	87	k	107
D	68	X	88	l	108
E	69	Y	89	m	109
F	70	Z	90	n	110
G	71	[	91	o	111
H	72	\	92	p	112
I	73	]	93	q	113
J	74	^	94	r	114
K	75	_	95	s	115
L	76	`	96	t	116
M	77	a	97	u	117
N	78	b	98	v	118
O	79	c	99	w	119
P	80	d	100	x	120
Q	81	e	101	y	121
R	82	f	102	z	122
S	83	g	103		
T	84	h	104		

附录 2　键盘事件键值表

键	值	键	值	键	值
K_BACKSPACE	Backspace	K_SPACE	Space	K_a	a
K_TAB	Tab	K_COMMAND	command	K_b	b
K_CLEAR	Clear	K_0	0	K_c	c
K_RETURN	Return	K_1	1	K_d	d
K_PAUSE	Pause	K_2	2	K_e	e
K_DELETE	Delete	k_3	3	K_f	f
K_UP	Up	K_4	4	K_g	g
K_DOWN	Down	K_5	5	K_h	h
K_LEFT	Left	K_6	6	K_i	i
K_RIGHT	Right	K_7	7	K_j	j
K_INSERT	Insert	K_8	8	K_k	k
K_HOME	Home	K_9	9	K_l	l
K_END	End	K_RCTRL	右边的 Ctrl	K_m	m
K_F1	F1	K_LCTRL	左边的 Ctrl	K_n	n
K_F2	F2	K_RSHIFT	右边的 Shift	K_o	o
K_F3	F3	K_LSHIFT	左边的 Shift	K_p	p
K_F4	F4	K_LALT	左边的 Alt	K_q	q
K_F5	F5	K_RALT	右边的 Alt	K_r	r
K_F6	F6	K_SCROLLOCK	Scrollock	K_s	s
K_F7	F7	K_CAPSLOCK	Capslock	K_t	t
K_F8	F8	K_NUMLOCK	Numlock	K_u	u
K_F9	F9	K_RMETA	右边的 Meta	K_v	v
K_F10	F10	K_LMETA	左边的 Meta	K_w	w
K_F11	F11	K_MODE	Mode Shift	K_x	x
K_F12	F12	K_HELP	Help	K_y	y
K_POWER	Power	K_SYSREQ	Sysrq	K_z	z

附录3 颜色单词表

中文	英文	中文	英文	中文	英文
红色	red	绿色	green	黄色	yellow
黑色	black	白色	white	灰色	gray
巧克力色	chocolate	棕色	brown	粉红色	pink
银色	silver	天蓝色	azure	米黄色	beige
金色	gold	土黄色	khaki	浅米色	oldlace
黄褐色	tan	浅黄褐色	fawn	绯红色	crimson
深灰色	darkgray	蓝色	blue	靛蓝色	indigo
浅蓝色	lightblue	深绿色	darkgreen	亚麻色	linen
褐红色	maroon	象牙色	ivory	橘色	orange
紫色	purple	藏青色	navy	麦色	wheat
鲑红	salmon	雪白色	snow	秘鲁褐色	peru
橄榄色	olive	紫红色	plum	青色	cyan
珊瑚色	coral	鹿皮色	moccasin		